纺织服装高等教育“十二五”部委级规划教材
设计之路系列丛书

马克笔
服装效果图快速表现
（配课件）

Make Bi Fuzhuang Xiao Guo Tu Kuai Su Biao Xian

郭琦 罗俊 杨砚书 著

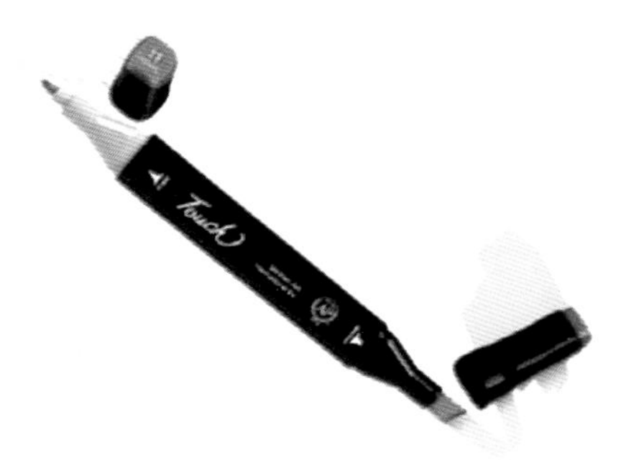

東華大學出版社

内容简介

这是一本优秀的服装效果图马克笔快速入门教程 。书中详述了用马克笔手绘服装效果图的全过程，由浅入深，从选择笔型开始到最后完成，图解各阶段必须注意的绘画要点。本书由五章构成：主要内容包括马克笔工具介绍、基本表现技法、局部绘制要点分析、各种服装面料质感表现及参考资料五部分。对于绘制服装效果图时质感处理的难点，如呢绒、毛皮、皮革、 针织、条纹、格子、牛仔等都逐一详解其绘画诀窍，并附有步骤图与解析。书中附有大量精彩范例，每张彩色作品均提供草图对照，便于读者轻松地掌握马克笔服装效果图快速表现的技法和技巧。

适用范围：高校服装设计服装效果图专业课教材，想快速掌握服装设计的广大初学者。

图书在版编目（CIP）数据

马克笔服装效果图快速表现 / 郭琦，罗俊，杨砚书著.
--上海：东华大学出版社，2012.12
ISBN 978-7-5669-0186-6

Ⅰ. ①马… Ⅱ. ①郭… ②罗… ③杨… Ⅲ. ①服装设计-效果图-绘画技法 Ⅳ. ①TS941.28

中国版本图书CIP数据核字（2012）第276260号

责任编辑：马文娟

版式设计：悦天书籍装帧 封面设计：

马克笔服装效果图快速表现

著：郭琦 罗俊 杨砚书

出 版：东华大学出版社（上海市延安西路1882号，200051）

本社网址：http://www.dhupress.net

淘宝书店：http://dhupress.taobao.com

营销中心：021-62193056 62373056 62379558

印 刷：杭州富春印务有限公司

开 本：889 × 1194 1/16 印张：7

字 数：246千字

版 次：2013年3月第1版

印 次：2013年3月第1次印刷

书 号：ISBN 978-7-5669-0186-6/J · 131

定 价：42.00元

总序
General Preface

近年来国内许多高等院校开设了服装设计专业，有些倾向于理科的材料学，有些则偏重于文科的设计学，每年都有很多年轻的设计者走向梦想中的设计师岗位。但是随着服装行业产业结构的调整和不断转型升级，服装设计师需要面对更加苛刻的要求，良好的专业素养、竞争意识、对市场潮流的把握、对时代的敏感性等都是当代服装设计师不可或缺的素质，自身的不断发展与完善更是当代服装设计师的必备条件之一。

提高服装设计师的素质不仅在于服装产业的带动，更在于服装设计的教育体制与教育方法的变革。学校教育如何适应现状并作出相应调整,体现与时俱进、注重实效的原则，满足服装产业创新型的专业人才需求，也是中国服装教育面临的挑战。

本丛书的撰写团队结合传统的教学大纲和课程结构，把握时下流行服饰特点与趋势，吸纳了国际上有益的教学内容与方法，将多年丰富的教学经验和科研成果以通俗易懂的方式展现出来。丛书既注重专业基础理论的系统性与规范性，又注重专业教学的多样性和可行性，通过大量的图片进行直观细致地分析，结合详尽的步骤讲述，提炼了需要掌握的要点和重点，力求可以让读者轻松掌握技巧、理解相关内容。丛书既可以作为服装院校学生的教材，也可以作为服装设计从业人才的参考用书。

前言
Preface

服装画是一门独特的艺术表现形式，它是时装设计的专业技能基础之一。服装设计师可以通过马克笔快速表现的方法及时准确地记录瞬间的灵感和创意。马克笔使用起来方便、快捷、干净，笔触富有现代感，可以直接进行创作，具有独特的个性和强烈的艺术性，这种生动灵活的表现手段是其他绘制方式和电脑不能代替的，所以掌握马克笔快速表现技法已经成为服装设计师不可缺少的基本训练。

在本书中笔者将教学中的亲身感受以通俗易懂的方式展现出来，通过大量图例细致讲解了马克笔服装效果图的绘制方法，包括工具选择、人体动态表现、马克笔使用方法、不同质感服装表现等内容，步骤全面、技法清楚易学、由浅入深。在欣赏部分的彩色作品配有线稿，方便读者比对效果，可以在短时间内快速掌握，达到为设计服务之最终目的。

目录
Contents

马克笔服装效果图快速表现

MAKE BI FUZHUANG XIAO GUO TU KUAI SU BIAO XIAN

第一章 熟悉手绘表现图所需的工具

第一节 马克笔的分类

马克笔是英文“MARKER”的音译，因其具有携带方便、表现丰富等特点而备受设计师们的青睐。常见的品牌有美国的PRISMACOLOR、德国的STABILO、日本的YOKEN以及韩国的TOUCH等。马克笔因注入的颜料不同分为油性和水性两种。油性马克笔颜色的扩散性和着色力强，而且在颜色的层次上更为丰富，特点是色彩鲜亮且笔触界线明晰，和水彩笔结合又有淡彩的效果，缺点是重叠笔触会造成画面脏乱；水性马克笔色彩相对柔和，特点是笔触优雅自然。缺点是多次叠加颜色后会变灰，而且容易伤及纸面。

马克笔的色彩种类较多，通常多达上百种，且色彩的分布按照常用的频度，分成几个系列，各种颜色按不同色阶的排列，使用非常方便，初学者选择性购买30~50支常用颜色练习即可。

马克笔的笔尖材料多以透气的尼龙制作，有圆头、方头、毛笔头等。它的笔尖一般有粗细多种，常见的马克笔有粗细两个头，绘制时控制力量和角度，可画出粗细不同效果（图1–1–1）。

Tips

在购买马克笔时一定要注意马克笔密封是否完好，检查笔盖、笔杆的各个配件连接处是否紧密。

图1–1–1 马克笔绘制的粗细不同效果

第二节　与马克笔配合使用的其他工具

马克笔有很好的兼容性，可以与针管笔、钢笔、彩色铅笔、水粉等配合使用。根据设计选择配合马克笔的画材，会使画面更加完美。

1. 铅笔

铅笔是最容易上手的画笔，一般起稿时使用（图1–2–1）。

2. 针管笔

针管笔是绘图的基本工具之一，分为一次性与可以灌墨的两种，型号在0.05~1.0之间，常用型号为0.05、0.1、0.2和0.5，主要用于勾勒设计底稿的线条（图1–2–2）。

3. 彩色铅笔

彩色铅笔是一种非常容易掌握的涂色工具，画出来的效果类似于铅笔，并且画面清新自然，可以层层深入。在各类型纸张上使用时都能均匀着色，流畅描绘，有单支系列（129色）、12色系列，48色系列、72色系列、96色系列等。

彩色铅笔也分为两种，一种是可溶性彩色铅笔（可溶于水），另一种是不溶于水的彩色铅笔。不溶性彩色铅笔可分为干性和油性，我们一般在市面上买的大部分都是不溶性彩色铅笔。可溶性彩色铅笔，在没有蘸水前和不溶性彩色铅笔的效果是一样的。在蘸水晕染后就会变成像水彩一样，色调柔和（图1–2–3）。

图1–2–1　铅笔

图1–2–2　针管笔

图1–2–3　彩色铅笔

Tips ▶

针管笔在不使用时应随时套上笔帽，以免针尖墨水干结，并应定时清洗针管笔，以保持用笔流畅。

4. 水彩

水彩为常用颜料之一，能溶于水，颜料质地透明，色彩之间可以相互混合，且涂后易干，色彩清雅干净，不会将轮廓线覆盖，适合表现春夏季较薄的衣料或轻盈而柔软的薄纱布料（图1–2–4）。

5. 水性签字笔

水性签字笔是一种高浓度的彩色笔，因其色彩过于鲜艳浓烈，建议不要大面积使用（图1–2–5）。

6. 水粉颜料

水粉颜料的特点是不透明，色彩艳丽浑厚，可反复修改，有较强的覆盖力，适宜表现秋冬服装，如厚质衣料套装及大衣皮革等（图1–2–6）。

7. 蜡笔

蜡质的颜料，色泽不易相混合，只适合用于平涂和绘制粗线条，有油画般的厚重感（图1–2–7）。

图1–2–4　水彩

图1–2–5　水性签字笔

图1–2–6　水粉颜料

图1–2–7　蜡笔

第三节　如何选择马克笔的纸张

1. 马克笔专用纸

马克笔专用纸吸水度适中，纸层中含有防水材料，同位置多次涂画，不易渗透到背面，可有效杜绝马克笔的透纸现象，完美展现各类马克笔的真正色彩。

2. 白卡纸

白卡纸常见的有双面白卡和单面白卡。单面白卡纸的背面是灰色纸基，这种纸基吸水率很高，吸到一定的程度会使纸面变形，但如果运用得当，就会有意想不到的效果。双面白卡正背面都是白色，一面光滑另一面相对粗糙，两面均可作画，可根据需要选择。

3. 复印纸

由于复印纸价钱便宜，使用方便，在快速表现时使用此种纸张较多，缺点是颜色容易透纸，不能承担多次涂画。

4. 硫酸纸

硫酸纸是设计训练时常用的纸张之一。它的纸面着色后会产生干涩感，可形成能够深入的笔触。用马克笔在硫酸纸上作图，可以利用颜色在干燥之前有调和的余地，产生出水彩画退晕的效果；还可以利用硫酸纸半透明的效果，在纸的背面用马克笔作渲染。缺点是画的遍数多了会令纸面起皱，将硫酸纸裱在画板上或在表现时减少修改的次数，这样就能有效避开其弱点。

第二章 基本的表现技法

第一节 马克笔的用笔方法

用马克笔表现时，笔触大多以排线为主，常见的是平铺、叠加和留白。所以有规律地组织线条的方向和疏密，有利于形成统一的画面风格。马克笔绘制成的图很难修改，因此它强调绘制的准确性，上色应肯定、排列有序（图2-1-1~图2-1-5），在动笔前就要充分完善设计的构想，合理地安排画面构图（图2-1-6~图2-1-10）。

图2-1-1 平铺

图2-1-2 叠加

图2-1-3 留白

Tips ▶

马克笔不适合做大面积的涂染效果，需要把颜色进行概括，画出三四个层次即可。

图2-1-4 笔触练习1

图2-1-5 笔触练习2

Tips ▶

刚使用马克笔时，可多做一些色块性的笔触练习。

Tips ▶

调整画笔的角度和笔头的倾斜度，控制线条的粗细变化，可以获得各种笔触。

图2-1-6

- 排线在背景中的应用

Tips

马克笔不适合表现精细的效果，要表达细小的服装细节时，需配合针管笔等辅助工具完成。

图2-1-7

- 随着人体动势进行排线可以增强画面效果

图2-1-8

● 有方向感和秩序感的背景排线

图2-1-9

● 垂直绘制写意性较强的排线形式

Tips

马克笔在上色时要注意运笔的速度和力量，速度尽量快，力量要适中，宁轻勿重，快速的线条比较洒脱飘逸，而慢速的线条则显得更呆板。

图2-1-10

● 虚实结合的排线形式

第二节 如何用马克笔表现丰富的色调

马克笔的色调控制是练习的重点之一，由于马克笔是单支单色的颜料，所以中间调很难表达，色彩的变化只能靠不同色彩的笔来进行叠加，可以通过线条的粗细变化来丰富画面关系，只要线条轻重得当，就能表现出物象的立体明暗关系，使之成为马克笔的一大特点。

图 2-2-1
● 利用下笔的轻重和疏密控制色调

图 2-2-2
● 选择同色系深浅不同的颜色可区分色调

Tips
用同色系列的马克笔表现明暗关系时，无须考虑色彩关系，只须考虑明暗关系，这样比较容易把握。

马克笔画出来的作品形式感很强，有它自己独特的艺术语言与表现方法，在表现中需要肯定、简洁、精炼与概括，也许在其他的绘画中只需要加法与减法，马克笔绘画则需要你使用“乘法”和“除法”了（图2-2-1~图2-2-5）。

图 2-2-5
● 三层颜色叠加进行的色调处理

图 2-2-3
● 交叉排线可获得色调变化

图 2-2-4
● 同色系在暗部重复上色形成的色调变化

Tips
马克笔表现深色调时，不妨以同色系在原处涂上两到三次，自然会使亮度降低，或者以灰色系列来处理，整体完成后，以类似色勾勒轮廓线。

Tips
马克笔在运笔过程中，用笔的遍数不宜过多。在第一遍颜色干透后，再进行第二遍上色，而且要准确、快速。否则色彩会渗出而形成混浊状，而没有了马克笔透明和干净的特点。

第三节　马克笔表现光影、体积和空间的笔法

马克笔的虚实和空间关系可以通过线条的变化来表达，可以通过色彩的叠加来表现，同色系的叠加能产生丰富的色彩变化，通过色彩变化来展现空间和体积。也可以使用两个色系叠加的方式表现画面，但是纯度会降低，设计时要根据具体表现的画面来选择（图2–3–1~图2–3–4）。

图 2–3–1

● 在人物脚后面用同色排线的方式画出光影

图 2–3–2

● 人物后面绘制路面的透视，渲染画面整体气氛

Tips

马克笔的空间明暗关系，主要是依照素描理论中的空间明暗与阴影表达技法，所不同的是运用马克笔不同深浅的笔触表达明暗效果。

Tips

马克笔效果图非常讲究笔触效果，铺色时不要中途停顿，起笔收笔要到边，为了使两侧的边线控制整齐可用纸进行遮挡。

图 2-3-3

● 用灵动的细线条做背景处理空间效果

Tips ▶

落笔尽可能干脆、轻松、不拖泥带水。笔触应有适当的粗细变化、方向变化、长短变化，笔触运用的趣味性可以增强画面的感染力和艺术效果。

图 2-3-4

● 沿着人物边缘绘制粗线，增强体积感，使效果更加突出

Tips ▶

绘制光影时笔触尽可能往一个方向排列，避免琐碎的笔触，强调整体性。

第四节　马克笔表现中的留白

在设计中对色调进行概括后可以采用留白的手法使画面更生动，刚开始练习时可以用留白胶先勾勒或者点描欲留白的地方，再用马克笔上色，着色后将留白胶以橡皮涂掉，则留出白底，然后加以染色或者保留底色，马克笔使用熟练后可以直接留白，不需使用留白胶（图2-4-1~图2-4-4）。

图 2-4-1
● 皮肤上的留白效果

图 2-4-2
● 鞋的留白效果

Tips
留白可以反衬服装和人物的高光亮面，反映光影变化，增加画面的活泼感。

Tips
加强受光面与背光面间的对比，可强化体积感。

图 2-4-3
● 衣服上亮部表现的留白方式

图 2-4-4
● 留白后头发变得更生动

第三章 了解马克笔手绘效果图的基础知识

第一节　正确画出人体的比例

了解和掌握人体基本构造和比例，是画好效果图的前提。现实中的人体比例，若是以头为单位比身高，一般都在7个头长左右。但在服装画中的人体比实际人体比例约多出一个头长，甚至有的将人体比例夸张到10个头长以上（图3-1-1，图3-1-2）。

从整体看，人体的夸张部位主要体现在四肢上，特别是腿部比例的加长，而躯干部分因为受到服装造型的限制，所以不便过分夸张。在女性人体的夸张部位中，以颈、胸、腰、臀的曲线夸张作为重点。另外，手臂、大腿、小腿的夸张比例也应该相互协调；男性人体的夸张部分则主要是肩膀和胸部的宽度、厚度、四肢的长度和整体肌肉的发达程度等。

关于服装画人体比例需要注意的是，一味地拉长头身比例不一定能达到最佳效果，要根据时装的整体风格选择人体动态：职业装和制服给人的感觉是严谨、端庄，因此在选择动态时可以选择站立的、手脚动作幅度不大的动态；礼服和婚纱等选择动态时要选择能突出女性曲线美的动态；运动装、家居装等具有舒适、运动感强的特点，适合动作幅度大、夸张的动态。

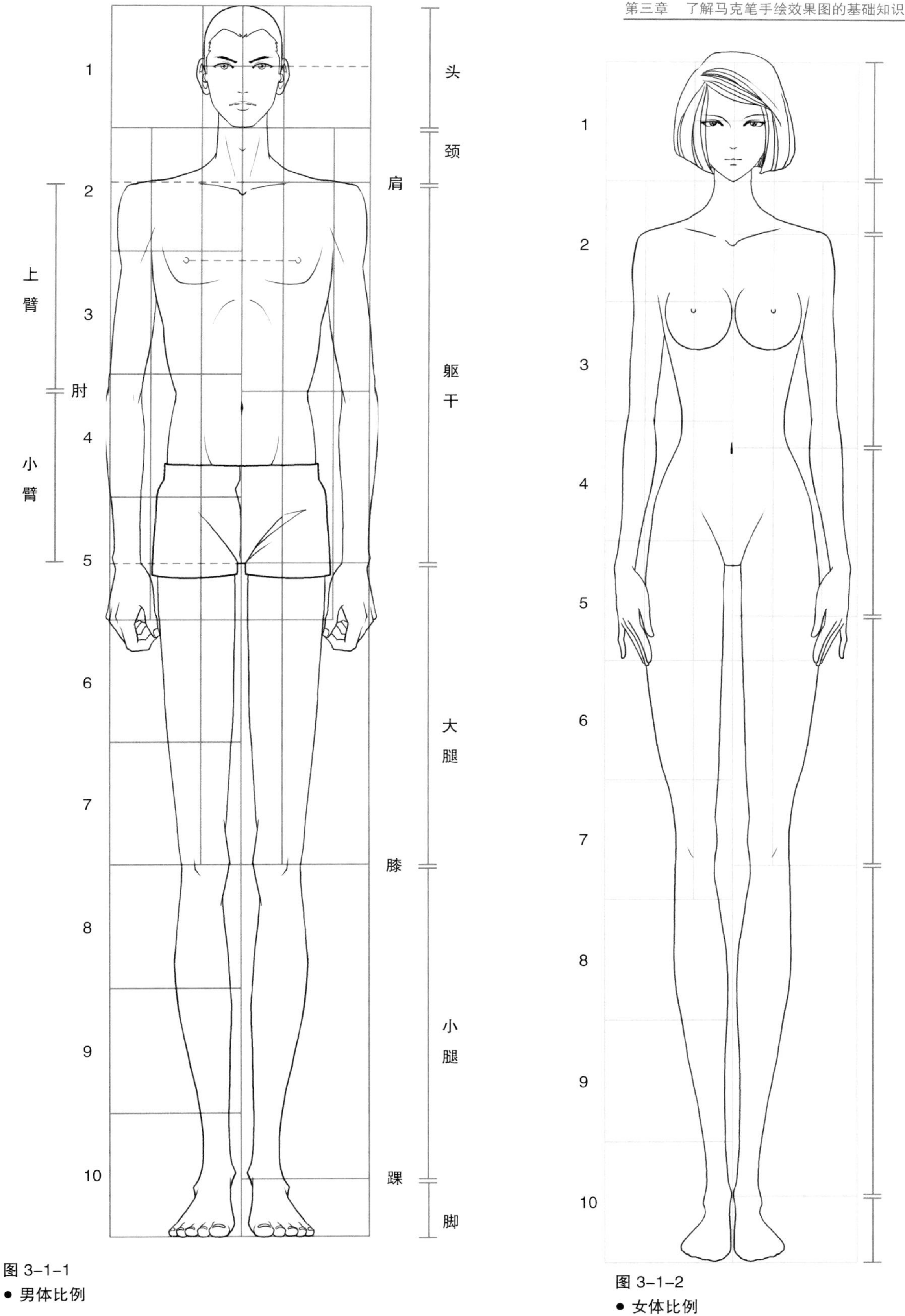

图 3-1-1
● 男体比例

图 3-1-2
● 女体比例

Tips

服装的设计要依据人体特点来进行，因此对人体结构的了解是学习服装效果图的重要基础。画人体时我们要了解其结构、骨骼、肌肉、人体比例关系等基本要素。

第二节　人体局部刻画

通常在服装画人体的头部绘画中，对头部的刻画要进行概括和提炼，不用面面俱到，头发、眼睛等要注意简化和美化，均用概括的笔法描绘。

候，五官的位置及透视关系都会发生变化。在五官的绘制中，以眼部和嘴部的刻画尤为重要，通过用眼神和口型的变化，以达到强化模特性格特征的目的。

1. 五官的上色技巧

在头部刻画中，应该掌握脸部的“三庭五眼”和整体透视的基本法则。三庭即从发际线到眉间连线，眉间到鼻翼下缘，鼻翼下缘到下巴尖连线；五眼即人体脸部正面观察时，脸的宽度为五只眼睛长度的总和。在不同角度观察头部时候，五官的位置及透视关系都会发生变化。在五官的绘制中，以眼部和嘴部的刻画尤为重要，通过用眼神和口型的变化，以达到强化模特性格特征的目的。

绘画时还要注意鼻子和脸部的比例关系，耳朵的正确位置是在眉线至鼻底线之间，在实际绘画过程中，耳朵经常被简化处理或省略，绘画重点是在确定其位置和大小的同时，对不同角度耳朵外轮廓的描绘。

图 3-2-1 用铅笔勾勒线稿

图 3-2-2 脸的亮部留白，暗部上皮肤色

图 3-2-3用34色号，顺着头发走向上第一遍色彩

图 3-2-4 用104色号，用马克笔细头勾勒头发层次结构

图 3-2-5 用同色的粗头上在转折部分画第二遍色，加大对比度

图 3-2-6 勾画眼睛部分颜色，绘制要精细

图 3-2-7 嘴的亮部留白，其他部分上色

图 3-2-8 用灰色细头勾出眼睫毛

画嘴部时候用笔不要太多，注意明暗虚实变化。上唇结构和嘴角是嘴的主要特征，可以重点表现。一般上唇比下唇微长，稍微向前突出，以体现嘴唇的立体感。

在绘制时装画的过程中，发型的设计是人物形象设计的一个重要组成部分。发型的表现取决于观察方法，要把整个发型看作一个整体，先研究整个发型的轮廓特点，然后再在这个整体当中按照发型设计对其大的走向、形状进一步划分，将整个头部发型分为几个区域，在每个小的区域对头发质感进一步塑造，根据头发的走向画出高光和暗部。在这个过程中注意尽量减少通过平行线和交叉线来塑造头发，前者会使发型显得呆板，后者会使发型显得混乱，高光部分要概括表现，最后在整体发型的边缘点缀一些零散的发丝，这样会使头发的整体感觉更加生动（图3-2-1~图3-2-12），练习时可以尝试用不同的颜色绘制同一张局部设计稿（图3-2-13~图3-2-22）。

图 3-2-9 用0.2号的针管笔勾脸部和头发轮廓

图 3-2-10 油画棒处理颧骨部分颜色，使其更加柔和

图 3-2-11 用0.05的针管笔调整细节

图 3-2-12 完成效果

Tips

在服装画中，鼻子的表现要把重点放在把握大形和方向上。鼻子一般不用过多地刻画，只要简单画出鼻梁和鼻底就可以了。刻画眼睛时，要注意对上眼睑、内眼角、眼球及瞳仁等重点结构的描绘，省略次要部分和多余细节。

图 3-2-13 绘制跟上张起稿部分相同线稿

图 3-2-14 用排线的形式绘制肤色

图 3-2-15 肤色使用的色号：26号

图 3-2-16 用粗头笔给头发上色

图 3-2-17 用细头笔勾勒头发细节

图 3-2-18 勾勒眼睛、睫毛和眉毛部分，眼睛轮廓线可描绘两遍

图 3-2-19 给唇部上色

图 3-2-20 用0.2和0.05号针管笔绘制发丝

图 3-2-21 五官用针管笔勾线

图 3-2-22 完成效果

2. 手臂与手的上色技巧

和时装画人体一样，时装画中的手臂也是在骨骼和肌肉的基本范围里做拉长，简化处理。画手臂要根据身体的动态来变化。女性的手臂修长、手腕比较细，通过线条的起伏来表现手臂的圆润。男性的手臂骨骼粗壮，手腕较粗，肌肉与关节明显。

手掌的长度大约等于额头发际线到下巴的长度。女性的手是纤细的，手的动作也要优雅。首先要先画出手掌和手指的外形轮廓，也就是概括成一个梯形连着一个三角形。大拇指从旁侧伸出，然后根据透视原理和手的结构将其余的手指画出。

Tips

画手臂时，在各个骨点连接处起笔和停笔；手臂和手上色时一气呵成，不要在手腕处停顿。

3. 腿、脚和鞋的上色技巧

脚分为大腿、膝盖和小腿三部分。腿是人体中线条最漂亮的部位，舒展流畅的腿部线条往往也是设计师最容易展现绘画功底的地方。画腿的时候要根据大腿和小腿的结构特征来画，尤其是写意风格的时装效果图的绘制更是要强调和夸张腿部的外形特征，上色时线条不要停顿，要画得有力、舒展。

脚支撑了全身的重量，在时装效果图中虽然不占重要位置，但是也不可敷衍了事。脚分为脚踝、脚趾、后跟三部分，画脚的时候要注意穿上鞋子之后的脚要随着鞋子造型的变化而变化。人正面视图里，开始先画一个梯形。脚趾的面积要画得比踝关节宽。注意四分之三侧视图，这个角度的脚画起来有一定的难度，因为脚后跟、脚踝骨、脚趾要按照透视缩短。侧视图不论是平底鞋还是高跟鞋，画起来都会容易些。中间的三角很重要，对任何款式的鞋子来说都是一样，把三角放平使其与水平地面形成一个角度，就可以创造你想要的鞋跟高度，上色时根据具体鞋型留出高光后，按转折涂色即可（图3–2–23）。

图 3–2–23
● 腿、脚和鞋的上色技巧

Tips

给腿上色时，在衣物与皮肤衔接处起笔，膝盖处行笔稍慢些。虽然色彩是控制画面效果的主要因素。但需要注意的是，马克笔效果图用色情况不同于绘画中的色彩表现，不需要考虑太多的色彩关系和过多的表达色彩的微妙变化。

第三节　服装画常用动态的画法

人体的动态变化无穷，但服装人体姿态中往往没有太多的伸展和弯曲动作，以正面、四分之三侧面静止站立姿态为主。这种动态重心稳定，动作幅度较小，人体左右基本对称，易于充分表现服装款式的特点。

1. 单腿重心站立姿态

这是服装效果图中常见的人体动态，模特的重心在一条腿上，另一条腿可以任意摆出其他姿态（图3-3-1）。

2. 双腿交叉站立姿势

这种姿态是将模特的上半身的正面完全展现在观众面前的一种常见动势，优点是可以将服装正面上下装的款式清晰明确地表现出来（图3-3-2）。

Tips

根据款式设计的重点来选择动态，只有动态选对了，才能将设计师的设计意图通过模特的姿态展示出来。

图 3-3-1
● 单腿重心站立姿态

图 3-3-2
● 双腿交叉站立姿势

3. 四分之三转身站立姿态

这是服装画中比较优雅的姿态，模特稍稍侧身站立，避免了完全正面的呆板和僵硬，显得人体更加修长，姿态更加优雅（图3-3-3）。

4. 走动的人体姿态

这个动态是时装效果图中常见的动态之一必要仔细琢磨走动的人体动态运动规律，以便于更加快速地掌握动态的画法（图3-3-4）。

Tips ▶

临摹是学习马克笔效果图较为常见的一种手法。在临摹过程中，不能盲目地为了临摹而临摹，而是要注意对作品进行分析总结，肯定与接纳有价值易掌握的用笔、用色及处理画面的技巧等，研究其规律。

图 3-3-3

● 四分之三转身

图 3-3-4

● 走动的人体姿态

5. 多人组合姿态

多人组合在系列服装设计效果图中常见，注意每个人之间的手臂的位置和摆动的角度，整个画面既要有整体感又要有变化（图3-3-5）。

图 3-3-5
● 多人组合姿态

Tips

多人组合要注意每个人动态之间的间距，画面上要具有节奏感和均衡感。

第四节　如何表现服装上的褶纹

衣服褶皱可分为服装本身所固有的褶皱和人体活动产生的褶皱两种，它与服装的造型和工艺手段有着直接的关系。我们常见的衣褶一般分活褶和死褶两类：活褶是指通过折叠形成的无规律的褶皱，死褶是指经过工艺处理的有规律的褶皱。在服装画中，褶皱的用线要有所取舍，适当简化衣纹的表现，以表现服装款式结构为首要任务。

由于人体的动态，服装穿在人体上有的部位紧贴身体，有的部位与人体之间有间隙，就会产生衣服褶皱（图3-4-1~图3-4-14）。

图 3-4-1

• 用铅笔勾勒线稿

图 3-4-2 用粗头笔涂皮肤的底色，亮部留白

图 3-4-3 待第一遍颜色干后，用细头笔进行第二遍上色，加重脸部的投影

图 3-4-4 用87号色号笔进行涂色

图 3-4-5 给头发平铺一遍颜色

图 3-4-6 用垂直排线的方式，先涂下摆皱纹的第一遍色

图 3-4-7 按图所示颜色勾画头发暗部

图 3-4-8 沿着褶皱的形体关系描绘每一层边缘和底摆处的鞋，强调层次感

图 3-4-9 用针管笔勾画五官

图 3-4-11 银色的丙烯点绘服装上的装饰

图 3-4-12 整体调整细节

图 3-4-10 用针管笔绘制服装褶皱，用笔要快速肯定

图 3-4-13 用彩色铅笔调整细节

图 3-4-14 完成效果

Tips

画服装的皱褶时，笔尖应该随着曲线方向转动或分段衔接；
马克笔的上色过程并不是要把衣服画的多写实、多夸张，也不是说笔法用的多漂亮、潇洒，重要的是画关系，明暗关系、冷暖关系、虚实关系，这些才是主宰画面的灵魂。

第五节　配饰的表现

在服装设计中，首饰、帽子、眼镜、围巾、手套、鞋子、包等服装配饰的巧妙设计可以使服装的整体风格更加突出。在表现时可以忽略结构中的细小变化，力求简洁概括，同时要注意配饰随着人体动态产生的透视变化（图3-5-1~图3-5-4）。

图 3-5-1

- 画线稿时，就要把项链，手镯等配饰按人体转折和透视关系仔细绘制备用

图 3-5-2

- 对配饰的暗部转折部分上色后勾出花纹，亮部留白处理

图 3–5–3
- 画好服装后，对眼镜、围脖、包、手镯等配饰勾画出结构

图 3–5–4
- 上色时，配饰部分如面积较小，可以画完物品固有色后，用重色勾线

图 3–5–5

● 头和帽子、脖子与项链的透视，画线稿时要准确

图 3–5–6

● 项链用针管笔勾线处理，帽子亮部留白，其他地方画第一层颜色，交界线处加重一遍色完成

帽子的款式变化较多，画帽子要从头的倾斜角度和脸部五官的角度开始，前中线也是一个重要的参考因素。在画好的头部和五官定出帽沿线的位置，然后画出帽沿和帽顶，注意款式的特点，有帽身较浅的，有帽沿压得较低的，有帽沿外翻的（图3–5–5~图3–5–7）。

图 3–5–7

- 给有帽檐的帽子上色时，帽檐处留白，帽子的主体颜色按透视平涂；画头发时为耳环留出位置勾线

Tips

服装配饰与道具在效果图中的绘制可以适当予以考虑，合理的服装配饰可以使画面更为完整和生动。

第六节　设计草图的训练

设计草图根据作用不同可分为两类：一类是记录性草图，主要是设计时收集资料时绘制的；一类是设计性草图，是在设计时推敲方案、解决问题、展示设计效果时绘制的。通常设计师的构思、设计要经过许多因素的连续思考才能完成。

有时也会出现偶发性的感觉意识，如功能的转换、形态的启发、意外的联想和偶然的发现，甚至梦中的幻觉都有意识或无意识地促使设计者从中获得灵感，发现新的设计思路和形式，此时只有通过设计草图才能留住这种瞬间的感觉，为设计注入超乎寻常的魅力。

设计草图要求绘画者在短时间内迅速捕捉人物动态，这是训练观察力和记忆力的好办法，反复练习可以提高绘画者对于人体比例和运动规律的认识和把握能力，加深对服装和人体关系的理解，使绘画基础训练尽快地与专业设计接轨，完成写生速写的转换，从而提高速写水平，为专业设计打下基础。

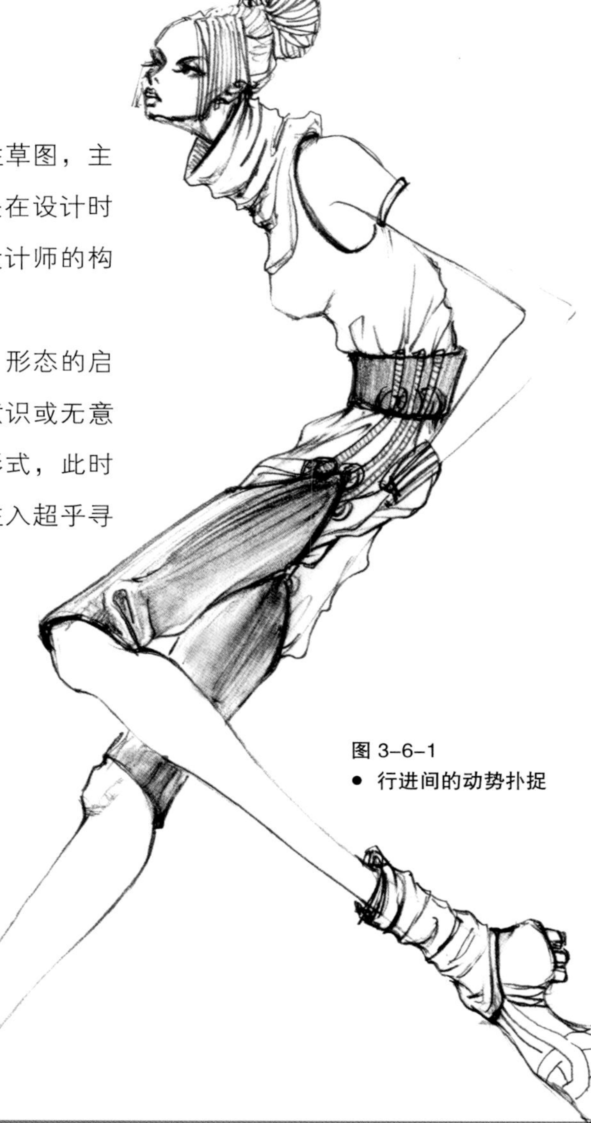

图 3–6–1
● 行进间的动势扑捉

在绘制过程中，要用分析的方法，比较全面、细致、深入地解读照片中的设计内容。一方面加深记忆，另一方面也是培养对形体、服装的深刻理解能力以及对整体尺度的把握能力（图3-6-1~图3-6-7）。

Tips

设计草图对设计人员来说是交换信息、表达理念、优化方案的重要手段。

图 3-6-2
- 正面站立姿态的人物动势草图

图 3-6-3
- 带背景的坐姿草图

图 3-6-4
● 侧面静态站姿草图

图 3-6-5
● 较大变化的姿态草图

Tips

设计草图是最简便、最直接的形象表达手段，是任何数据符号和广告语言所不能替代的形象资料，可提高设计的直观性和可视性，增加对设计的认识，及时地传递信息、反馈信息。

Tips

各类时尚杂志内的服装照片传递出丰富的流行资讯，可以从临绘照片开始，临绘是学习的第一步，是熟悉并认识服装设计的一条途径。

图 3-6-6

● 背面站姿草图

图 3-6-7

● 侧面坐姿草图

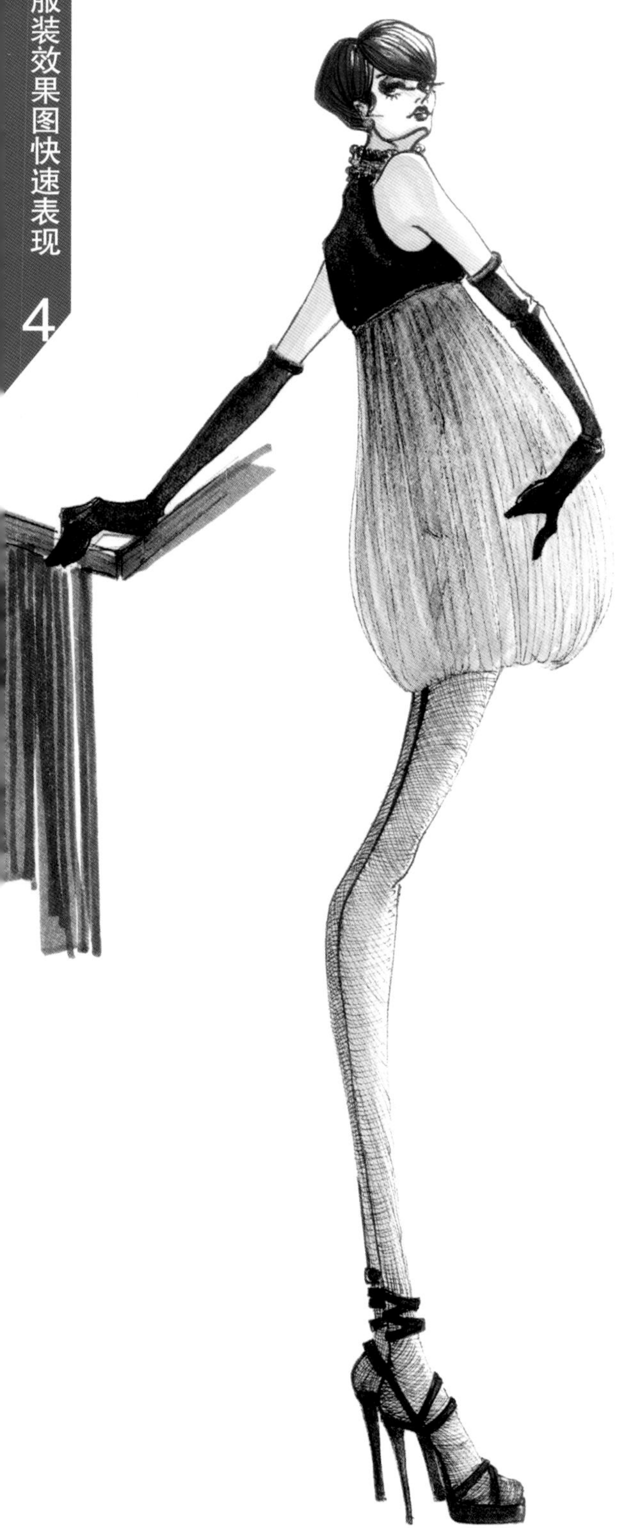

第四章 各种服装面料质感的表现

上色步骤：

首先用铅笔起稿，然后用马克笔快速肯定地画出皮肤和五官颜色，最后用钢笔或针管笔勾线。马克笔没有的颜色可以用彩色铅笔补充，也可用彩铅来缓和笔触的跳跃，不过还是提倡强调笔触。

服装面料质感的表现是服装画的重要内容。在服装画中，要选用相应的表现手段来表现面料质感的外观特征，利用不同的绘画工具，如马克笔与水彩、水粉、彩色铅笔等结合，模仿面料的纹理结构进行绘制。下面将面料按不同质感分类讲解。

第一节 薄透质感的画法

透明质感的衣物分为软硬两类，在用线时候要有所区别。描绘薄纱时候笔触要轻，避免过于厚重的色调，应注意对薄纱透明感的表现，先画好人体皮肤色和被纱包裹住的部分颜色，再在纱的部分薄薄地涂上颜色，用不同明度马克笔塑造纱的质感，注意描绘纱的褶皱和图案在皮肤上的投影，一般可以采用马克笔反复叠加表现出多层次的透明感，最后勾出轮廓和细节（范例4-1-1~4-1-3）。

范例4-1-1　薄透质感画法分步图

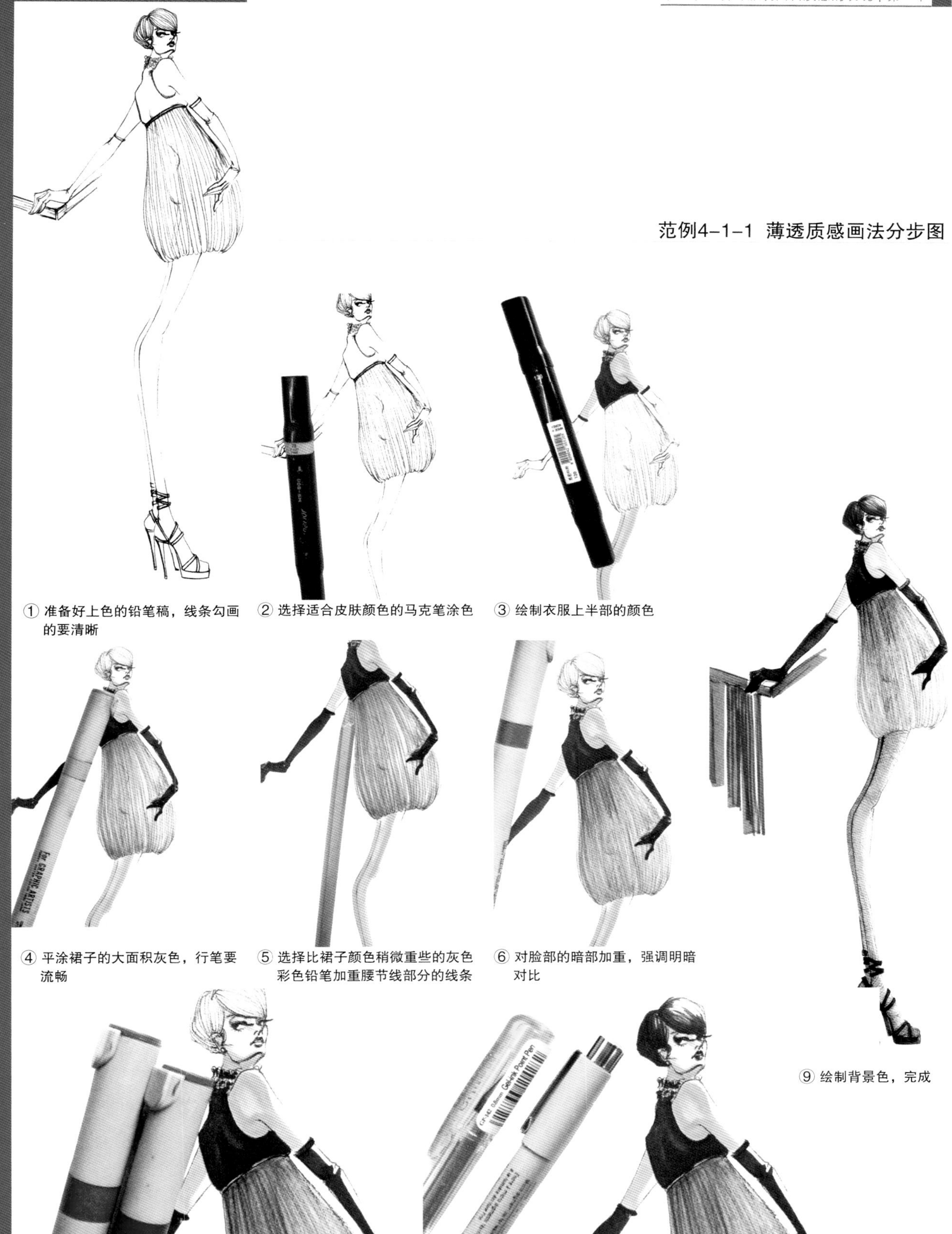

① 准备好上色的铅笔稿，线条勾画的要清晰

② 选择适合皮肤颜色的马克笔涂色

③ 绘制衣服上半部的颜色

④ 平涂裙子的大面积灰色，行笔要流畅

⑤ 选择比裙子颜色稍微重些的灰色彩色铅笔加重腰节线部分的线条

⑥ 对脸部的暗部加重，强调明暗对比

⑦ 选择深浅不同两个颜色马克笔给头发上色

⑧ 用针管笔绘制五官细节和腿部丝袜

⑨ 绘制背景色，完成

范例4-1-2 薄透质感画法分步图

① 用铅笔勾画出人物形态与服装结构

② 快速肯定地给皮肤上色，为表现透明质感，腿部皮肤色涂到衣服覆盖的部分

③ 绘制头发颜色，转折位置上二遍色，突出头发层次感

④ 用图中所示色号马克笔画出裙子颜色

⑤ 勾勒裙子细节，给眼镜上色

⑥ 用针管笔对画面人物勾线

⑦ 彩色铅笔调整服装细节

⑧ 完成效果

范例4-1-3 薄透质感画法分步图

① 用铅笔将人物和服装细致勾绘出来

② 确立受光面，绘制皮肤颜色，受光面留白

③ 使用98色号马克笔沿头发走向快速行笔，可获得有空气感的效果

④ 用77色号的马克笔按服装结构涂第一遍色，待干后在暗部绘制第二遍色

⑤ 用细头马克笔刻画衣服褶皱与细节

⑥ 针管笔勾勒人物廓形

⑦ 完成效果

第二节　丝绸质感的画法

丝绸织物的种类很多，它们的质感也不同，表现时候一般把丝绸织物分为薄、厚两种。

1. 薄丝绸织物

一般选用水性马克笔和水彩颜料结合。先画好人体肌肤的色彩，再覆盖面料的色彩，通过颜色的叠加来表现层次错落的透明感，最后在服装的外轮廓线边缘和肌肤的边缘以及衣纹处染上略深于面料的同种色彩。

2. 厚丝绸织物

服装的外轮廓线不要画得过于硬挺，要尽量表现出它的悬垂和柔和感，衣纹要避免有横向皱褶，可以结合彩色铅笔或水彩颜料，明暗转折柔和不要反差太大。

丝绸用笔时候要顺着服装结构的走向，切忌反复涂抹。画面应该表现出丝绸的轻盈飘逸，顺滑柔软的独特质感（范例4-2-1，4-2-2）。

范例4-2-1 丝绸质感画法分步图

① 准备好要绘制的铅笔稿

② 使用图中所示色号马克笔的粗头画出皮肤颜色

③ 给头发上色

④ 随着衣褶结构的变化，先涂服装的中间颜色，亮部留白

⑤ 用排线的方法绘制背景

⑥ 使用0.05号针管笔勾勒头发和五官的线条

⑦ 选择比第一遍皮肤颜色稍重颜色的马克笔绘制皮肤明暗交界线

⑧ 给服装暗部上色，注意褶皱的流畅感，切忌反复涂抹

⑨ 完成效果

范例4-2-2 丝绸质感画法分步图

① 铅笔勾绘人物和服装结构

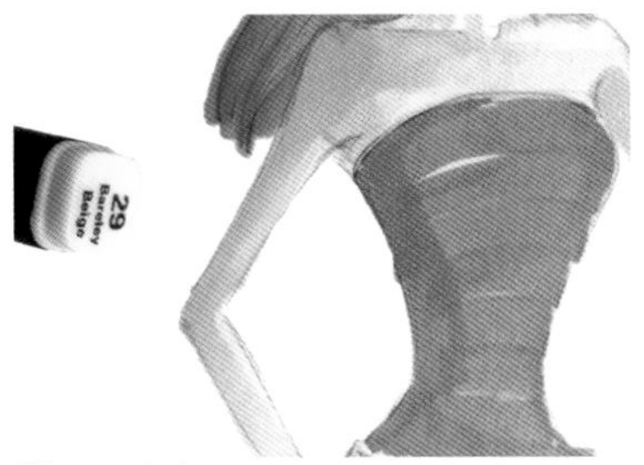

② 选择皮肤和服装的中间色调上色

③ 平涂头发颜色

④ 衣服和手部相交处要仔细绘制

⑤ 待服装的第一遍色干后，暗部叠加多画一层，使色调更为丰富

⑥ 选择比前一遍颜色略重的马克笔，深入刻画服装的交界线，然后给嘴部上色

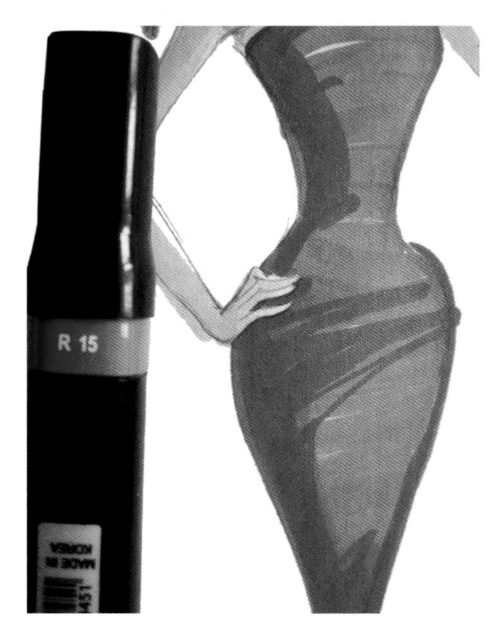

⑦ 点绘服装的细节

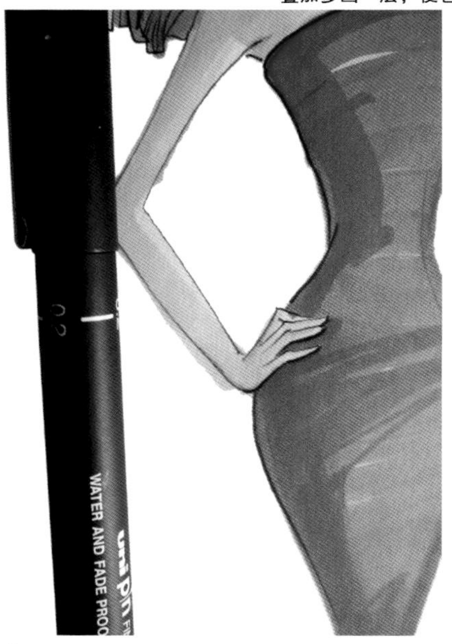

⑧ 用针管笔勾画头发、服装和皮肤的轮廓线，线的粗细要有区别

⑨ 整体调整，刻画五官

⑩ 完成效果

第三节　呢绒质感的画法

呢绒面料肌理比较明显，质地厚实粗糙，绘制时先平涂底色，再画出明暗关系，最后刻画肌理或者图案，可以用刷子、海绵等特殊工具进行按压形成肌理，也可以用马克笔与水粉颜料、彩色铅笔、油画棒等结合画出图案（范例4-3-1，4-3-2）。

范例4-3-1 呢绒质感画法分步图

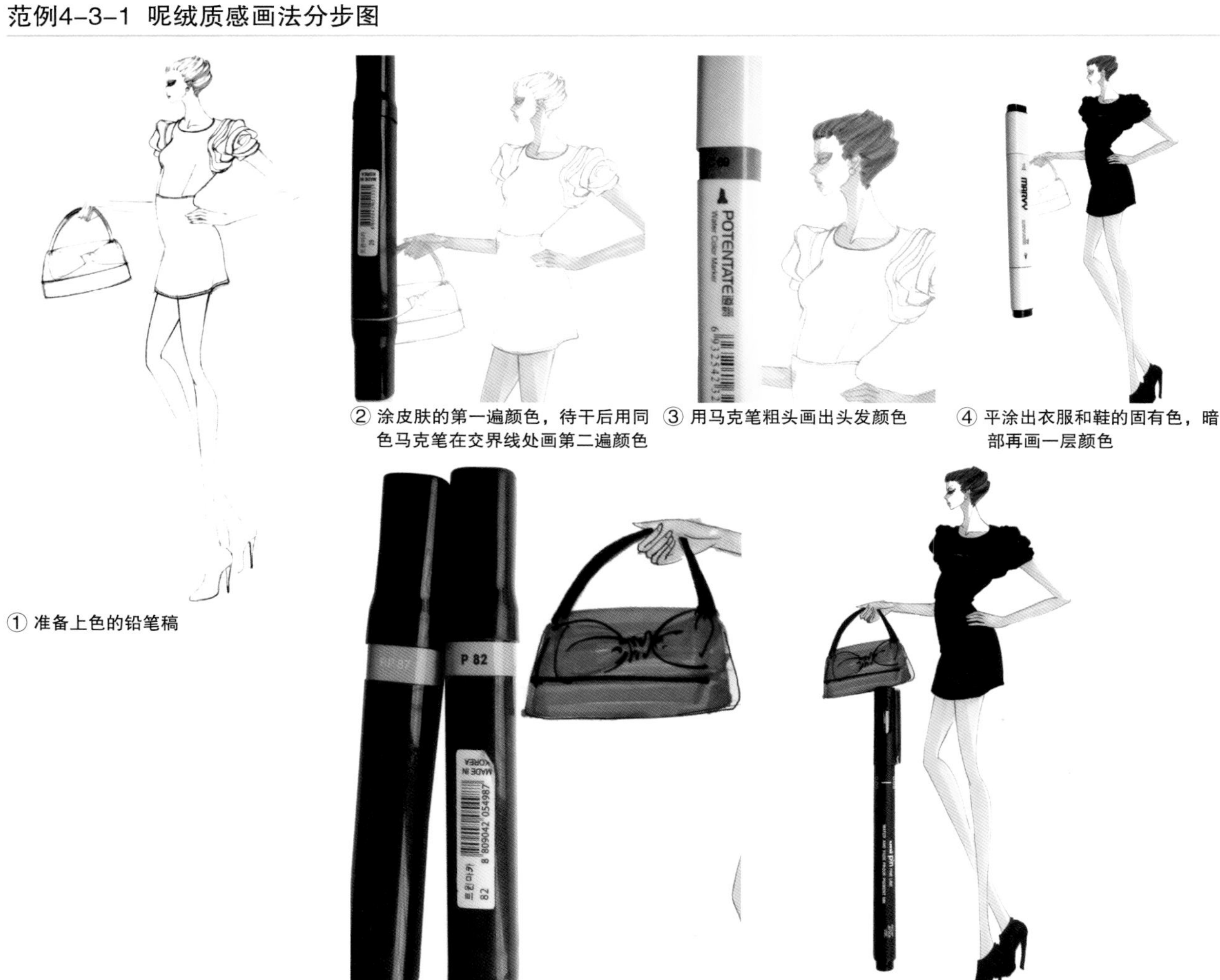

① 准备上色的铅笔稿

② 涂皮肤的第一遍颜色，待干后用同色马克笔在交界线处画第二遍颜色

③ 用马克笔粗头画出头发颜色

④ 平涂出衣服和鞋的固有色，暗部再画一层颜色

⑤ 水平方向行笔画出包的大面积颜色，然后勾画包的细节

⑥ 使用马克笔对头发五官等勾线

⑦ 完成效果

范例4-3-2 呢绒质感画法分步图

① 绘制铅笔稿，注意头发的动势和颈部透视关系

② 给脸部皮肤上第一遍色，带干后对暗部多画一遍

③ 手部和腿部皮肤受光处留白，先用马克笔轻涂一遍，在明暗交界线部位画第二层

④ 平涂头发的颜色，暗部画二遍

⑤ 用图中所示色号马克笔平涂衣服的大面积颜色

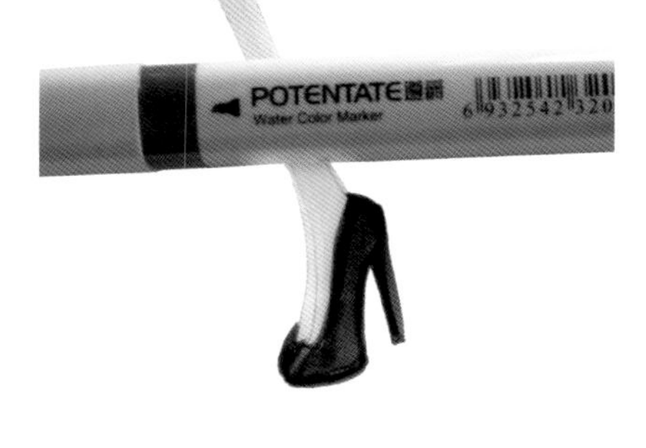

⑥ 按鞋的结构行笔，画出鞋的颜色

⑦ 用马克笔的细头给嘴部和指甲上色

⑧ 使用针管笔给头发和五官勾线

⑨ 用黑色油画棒在服装交界线处涂色，突出呢绒面料的肌理感

⑩ 完成效果

第四节　毛皮质感的画法

不同品种的毛皮有不同的外观。毛的长短、曲直、粗细、软硬、生长走势都存在着差异，所以表现手法也随之不同，表现时，依据服装款式，结构以及它的透视关系来表现毛的走势关系。一般来讲凹陷和背光的位置毛的线条表现画得紧密些，凸出和受光的位置毛的线条画得稀疏些，这样有立体感和层次感。

长毛类质感的表现：可采用马克笔和彩铅结合的画法。先选中间色做底色平涂，干后再选用略深的颜色对暗部加重处理，再用针管笔在底色上画出丝毛，要注意线条的走向和流畅性。短毛类质感在表现时着重刻画强烈明暗反差，高光留白的面积不宜过大（范例4-4-1，4-4-2）。

范例4-4-1 毛皮质感画法分步图

① 画铅笔稿时，对皮毛的方向感要详细分析

② 受光面留白，平涂头发的颜色

③ 随着人体动势排线，绘制裙子上的颜色

④ 平涂上衣的颜色，衣片叠压处画两遍颜色

⑤ 画出五官细节

⑥ 用0.05的针管笔对头发、五官勾线

⑦ 用较灵活的线条，画出皮毛的质感

⑧ 完成效果

范例4-4-2 毛皮质感画法分步图

① 起稿时要对毛皮走向归纳处理，整理线条

② 绘制皮肤、帽子和头发的第一遍颜色

③ 选比第一遍头发稍重颜色的马克笔上色，使头发分出层次

④ 用灰色顺着毛的走势上色

⑤ 对头发暗部加重，强调明暗对比

⑥ 亮部留白后画出短裤的颜色

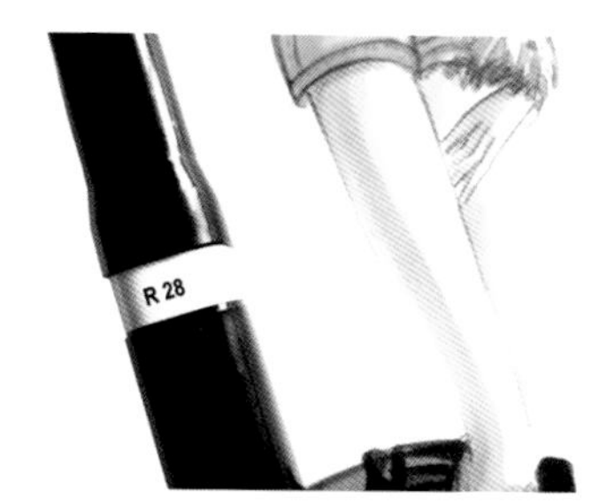

⑦ 腿部和短裤衔接皮肤处加深光影关系

⑧ 画出鞋的颜色，上色时控制用笔力量和速度，注意深浅变化

⑨ 调整整体效果，对色块交界处进行细节处理

⑩ 用0.05的针管笔对头发和衣服勾线

⑪ 短裤的明线用0.2的针管笔勾勒

⑫ 完成效果

第五节　皮革质感的画法

皮革具有极其显著的质感特征,常见的羊皮、牛皮，表面光滑柔软且富有弹性，经过处理的磨砂皮则细腻而没有光泽。绘画光亮的薄皮革，可以先湿润画面，用马克笔在未干的画纸上着色，同时在褶皱的突出部位留出空白高光，表现皮革的光泽（范例4–5–1，4–5–2）。

范例4–5–1 皮革质感画法分步图

① 整理铅笔稿，勾线时要想好预留的高光位置

② 受光部分留白，画出皮肤颜色

③ 调平涂头发颜色，笔和笔衔接处可适当有叠压效果，突出头发蓬松感

④ 确定衣服留白部位，画出衣服的第一遍色，待干后，对暗部加重，增强皮革光泽感

⑤ 用针管笔对人物和服装进行勾线

⑥ 完成效果

范例4-5-2 皮革质感画法分步图

① 用铅笔画出人体动势及服装

② 画出皮肤颜色

③ 用马克笔粗头快速行笔画出头发的第一遍色，未完全干透时接第二遍色

④ 肩部留白，平涂上衣的颜色

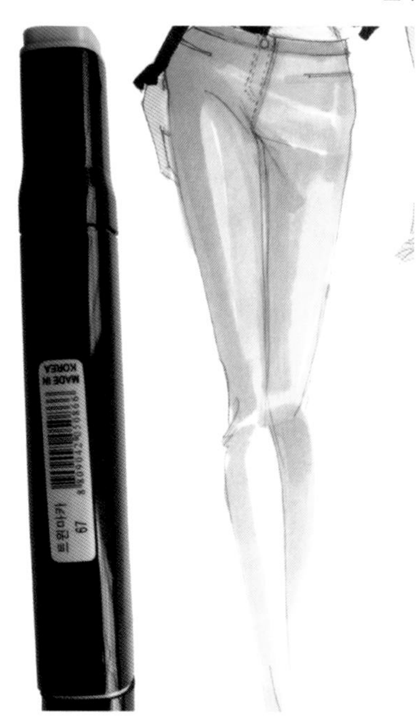

⑤ 裤子受光面留白，用蓝色马克笔沿着裤褶走向上色

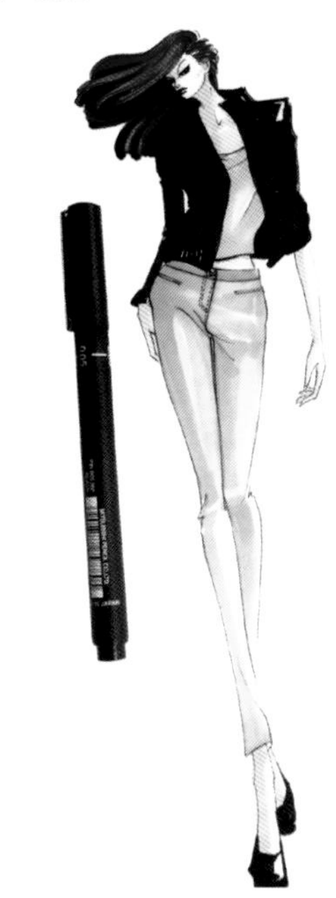

⑥ 用针管笔对服装细节勾线

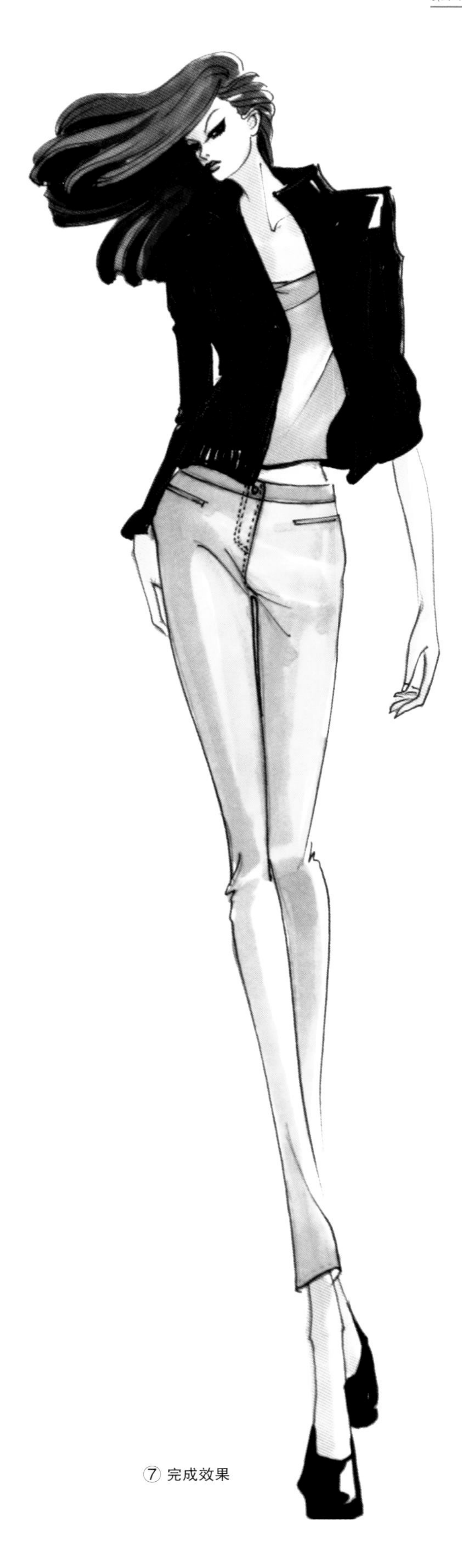

⑦ 完成效果

第六节　针织质感的画法

针织面料由相互穿套的纱线线圈构成，具有一般织物没有的伸缩性和悬垂性。在画针织衣物时，应该注意其自身的纹理变化，肌理感强的棒针手织物、羊绒织物、棉毛混纺织物都要用不同的技法来表现。除了因纱线粗细不同而产生的肌理变化外，表现重点应该集中在针织物特有的针法变化上。

表现细针织物时，一般在暗面简略地表现针织物服装的纹理。表现网状或者粗针织物时候，先用马克笔画出编织图案，在上面再平涂一遍颜色，适当留出飞白，表现出蓬松、毛绒的质感（范例4-6-1，4-6-2）。

范例4-6-1 针织质感画法分步图

① 勾出线稿，画出针织物的宽松感

② 皮肤亮部留白，画出脸部和四肢的皮肤色，衣物和皮肤的衔接处重叠上色

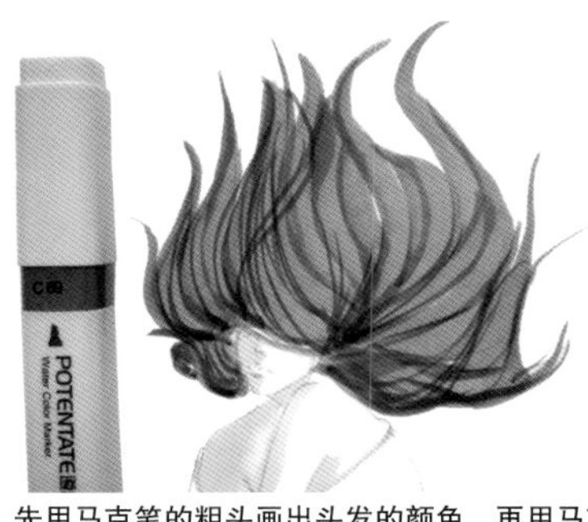

③ 先用马克笔的粗头画出头发的颜色，再用马克笔的细头勾出发丝

④ 画衣服时，控制力度，先薄涂一层，干后在转折处对暗部加重，衣服上面做点绘，表现服装的质感

⑤ 按人体动势，画出裤子的颜色

⑥ 用针管笔对效果图整体勾线

⑦ 完成效果

范例4-6-2 针织质感画法分步图

① 起稿，服装领口、袖口、底摆的罗纹要画出来

② 皮肤受光部分留白后涂色

③ 平涂包的颜色

④ 画出头发的第一遍颜色

⑤ 画出鞋的颜色，转折处重复上二遍颜色

⑥ 使用马克笔给衣服上色，不大幅度留白，行笔速度不要过快，第一遍色未干透时画第二遍色

⑦ 使用针管笔对画面人物及服装勾线

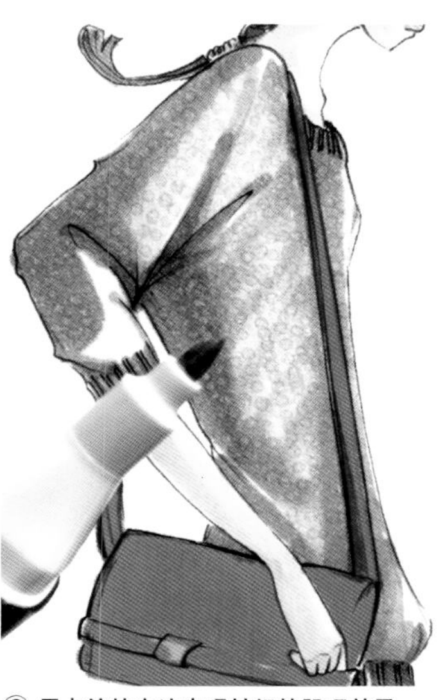

⑧ 用点绘的方法表现针织的肌理效果

⑨ 完成效果

第七节　条纹的画法

条纹有粗细、方向、疏密等变化。当人体产生动态时，衣服上的条纹也会产生变化（范例4-7-1，4-7-2）。

范例4-7-1 条纹的画法分步图

① 绘制铅笔稿

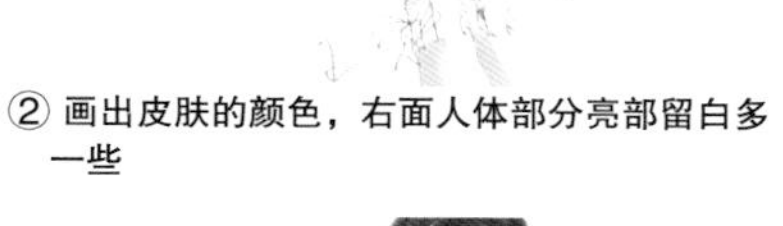

② 画出皮肤的颜色，右面人体部分亮部留白多一些

③ 用马克笔的粗头涂绘服装颜色，留出笔痕

④ 平涂头发的颜色

⑤ 对衣服层叠的皱褶边缘处加重上两遍色，突出服装的结构

⑥ 用针管笔在衣服上勾线

⑦ 完成效果

范例4-7-2 条纹的画法分步图

① 起稿，条纹在铅笔稿时就应描绘出来

② 皮肤受光部分留白，马克笔涂色

③ 画出裙子的颜色，处理臀部的褶皱时行笔速度要快，利用快速行笔时产生的效果留白

④ 用比裙子重些颜色的马克笔画出轮廓线

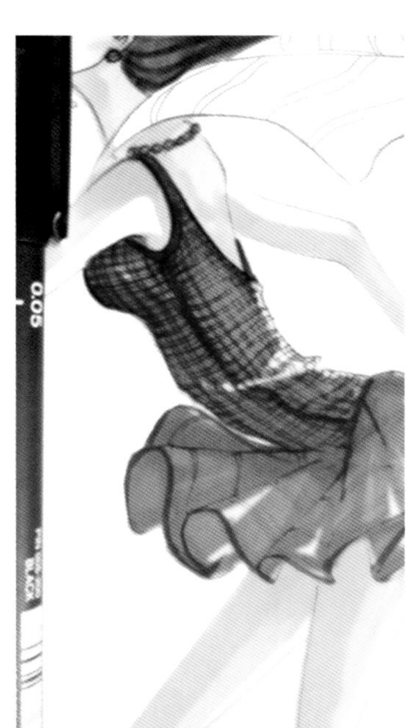

⑤ 用针管笔按照透视勾勒条纹

⑥ 画出配饰的颜色

⑦ 完成效果

第八节　格子的画法

表现格子面料时可以先用粗细适当的马克笔画出横向笔触铺出底色，再用另外一种颜色的马克笔纵向绘出格纹，然后用细头马克笔绘制细线，表现细节。如果是立体感比较强的粗肌理格子面料，可以先用油画棒画出纹样，再用深色马克笔平涂；也可以用画笔醮上较厚的颜料或用马克笔、彩色铅笔用力涂压上去，表现出粗纺格子的肌理纹样效果（范例4-8-1）。

范例4-8-1 格子的画法分步图

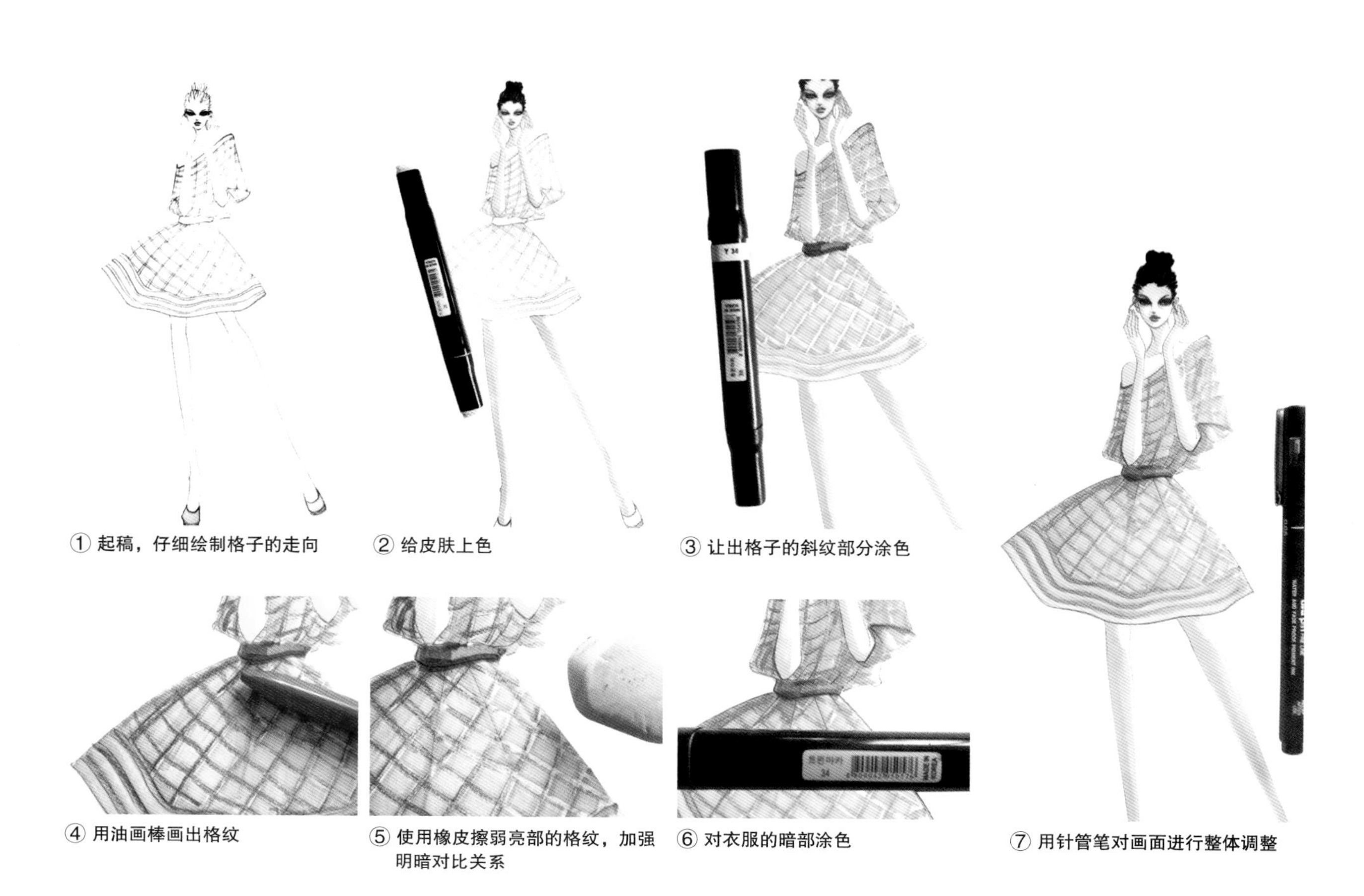

① 起稿，仔细绘制格子的走向

② 给皮肤上色

③ 让出格子的斜纹部分涂色

④ 用油画棒画出格纹

⑤ 使用橡皮擦弱亮部的格纹，加强明暗对比关系

⑥ 对衣服的暗部涂色

⑦ 用针管笔对画面进行整体调整

⑧ 完成效果

第九节　印花服装的表现

印花服装在起稿时就要重点绘制花纹随人体动势形成的褶皱部分，明确转折关系，上色时可以先涂底色，然后用马克笔直接绘制花纹（范例4–9–1，4–9–2）。

范例4–9–1 印花的画法分步图

① 用铅笔将人物和服装勾绘出来

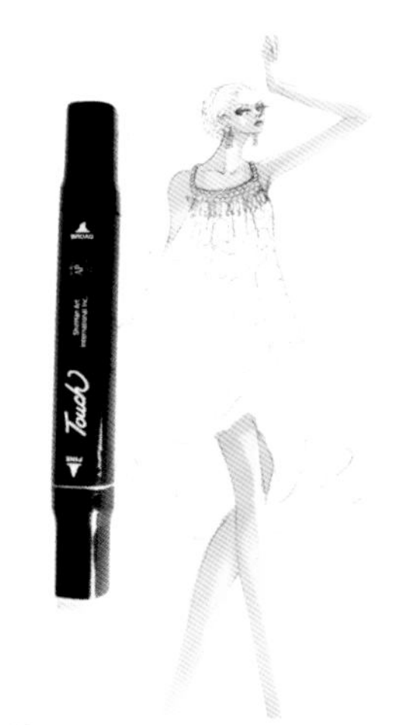

② 先画出皮肤的颜色，亮部留白

③ 画出衣服肩部和底摆部分的颜色

④ 用马克笔细头按发丝走向勾勒头发

⑤ 用两种颜色的马克笔绘制服装花纹

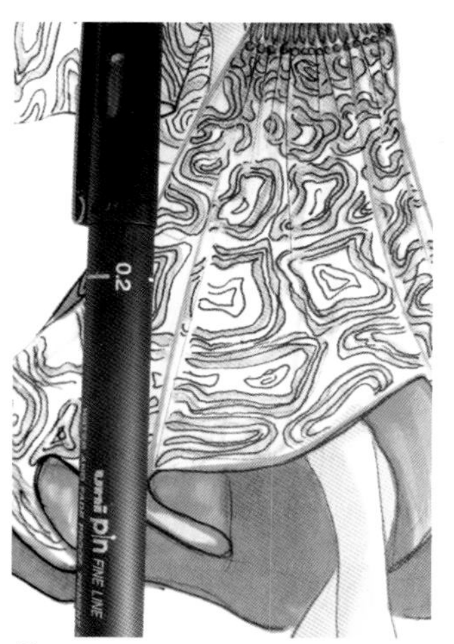

⑥ 用0.2的针管笔对服装勾线

⑦ 完成效果

范例4-9-2 印花的画法分步图

① 画出人物线稿和服装上的印花

② 皮肤亮部留白后用马克笔涂色

③ 平涂头发的颜色

④ 用水分不足的马克笔快速画出裤子底色

⑤ 用彩色铅笔和油画棒深入绘制裤子

⑥ 选出印花服装的三种颜色，小心勾勒线条

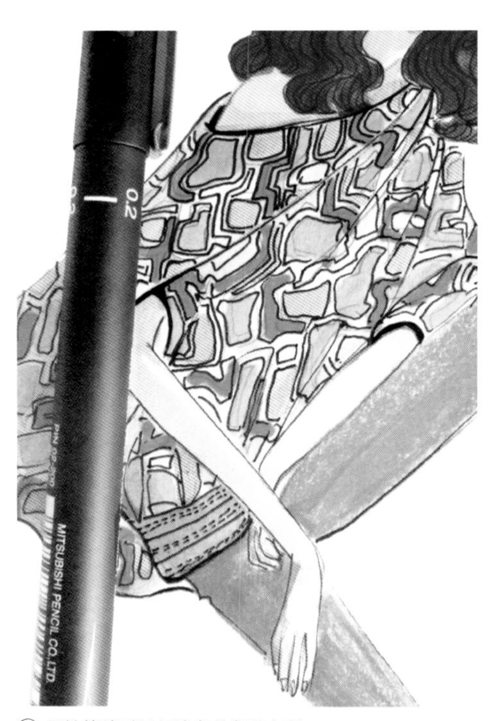

⑦ 用针管笔对已经涂色的部分勾线

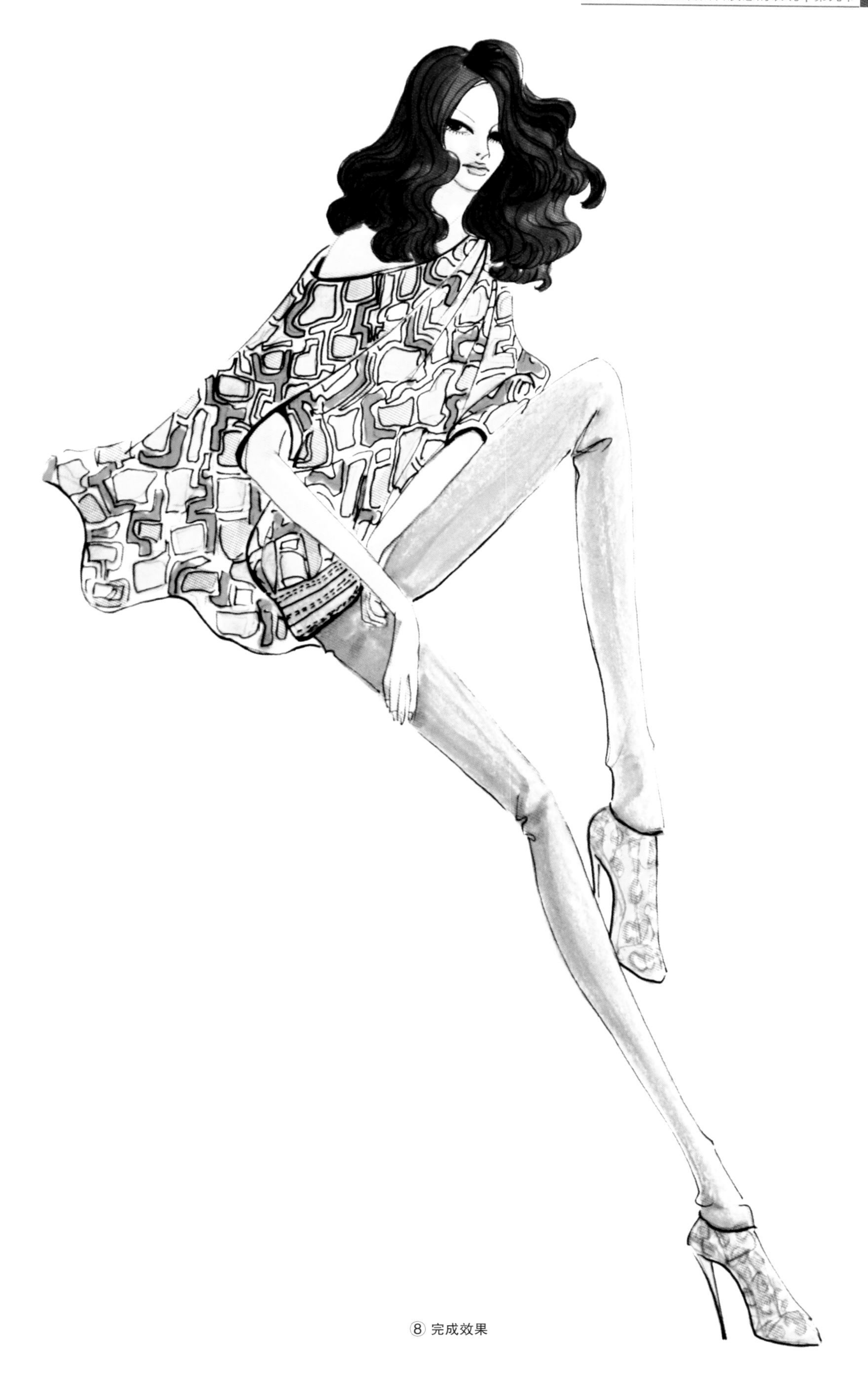

⑧ 完成效果

第十节　牛仔的画法

传统的牛仔面料以棉质蓝色斜纹布为主，质地厚而硬挺，经过水洗、石磨等工艺处理，产生独特的色彩和质感变化。特有的水洗效果和缉明线工艺是牛仔类服装最显著的两大特征。在绘制时先用马克笔画出布重叠处的厚度感，再画出明线，干后再用略深于面料的颜色沿着缉线边缘画出虚实的投影，从而产生线缉压面料的凹陷感。对牛仔的具体描绘可以采用两种方法：表现斜纹的斑驳效果时，先用深色水分不足的马克笔平涂底色，斜向用笔，擦画出斜线即可；表现石磨的斑驳效果时，先用浅色的马克笔做不规则的点彩，注意画面上就留有自然的白斑，点彩时候受光部分留出多些空白，背光则留少些，也可以用彩色铅笔表现斜纹和石磨的斑驳效果（范例4–10–1，4–10–2）。

范例4–10–1 牛仔质感的画法分步图

① 准备好待上色的铅笔稿

② 确立受光面，画出皮肤颜色

③ 用马克笔的粗头顺发丝走向一笔压一笔画出头发

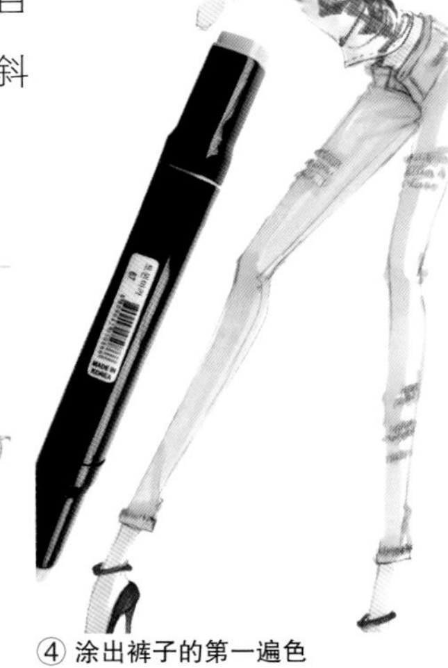

④ 涂出裤子的第一遍色

⑤ 上衣底色使用偏冷的浅灰色画出，然后用粉色马克笔勾绘服装上的花纹，暗部用紫色加重

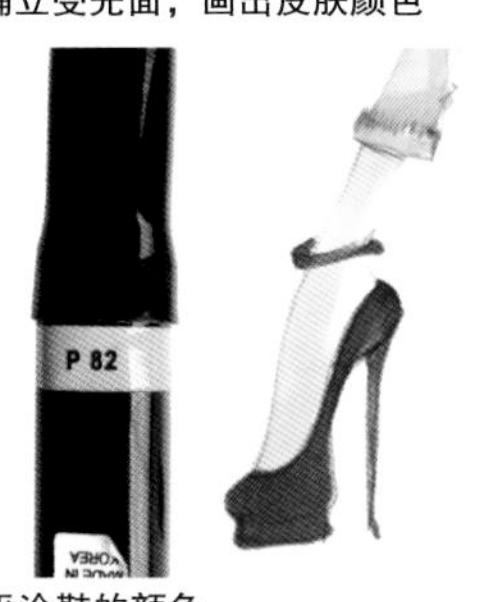

⑥ 平涂鞋的颜色

⑦ 使用0.05的针管笔对人物及服装的轮廓勾线

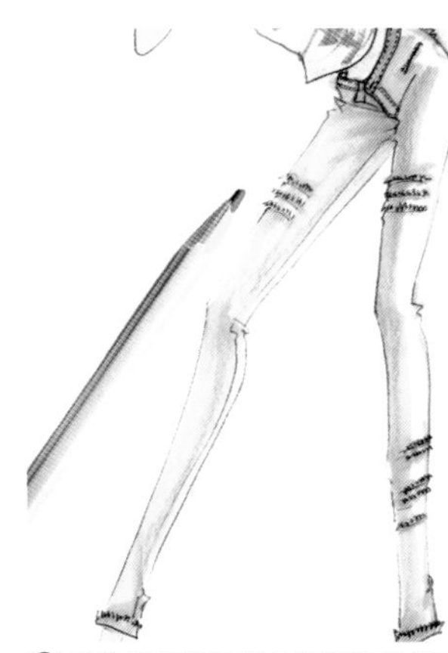

⑧ 用比裤子稍重些的蓝色彩色铅笔在明暗交界线处绘制，利用彩色铅笔的粗糙感，画出牛仔的质感

⑨ 完成效果

范例4-10-2 牛仔质感的画法分步图

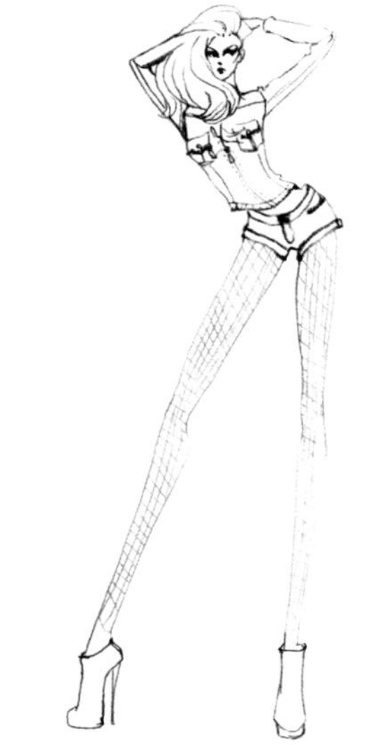

① 画出服装结构

② 脸部亮部留白，马克笔在额头处横向行笔，带出过渡感，脸和头发交界处多画一遍颜色

③ 为体现丝袜的透明感，轻轻用马克笔涂上一层皮肤色

④ 平涂头发的大面积颜色

⑤ 画出衣服的第一遍颜色

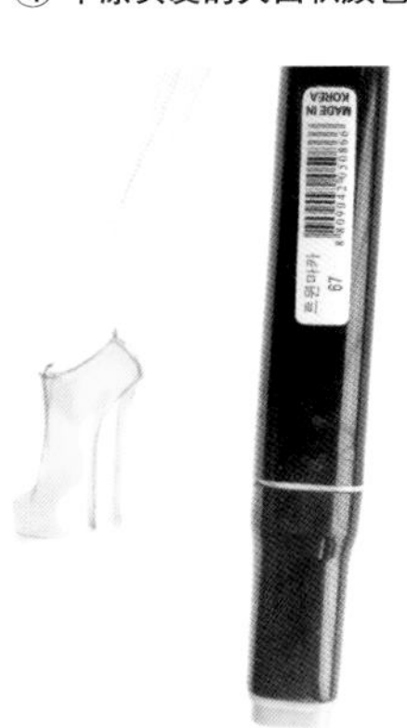

⑥ 亮部留白，给鞋上色

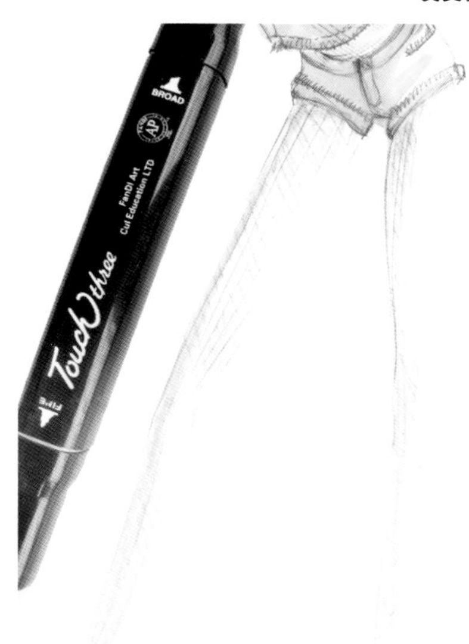

⑦ 在有皮肤色的腿上，罩上一层灰色

⑧ 用0.05的针管笔，勾出丝袜和服装细节

⑨ 使用彩色铅笔沿着服装结构平涂一遍颜色，笔尖要粗些，画出牛仔的质感

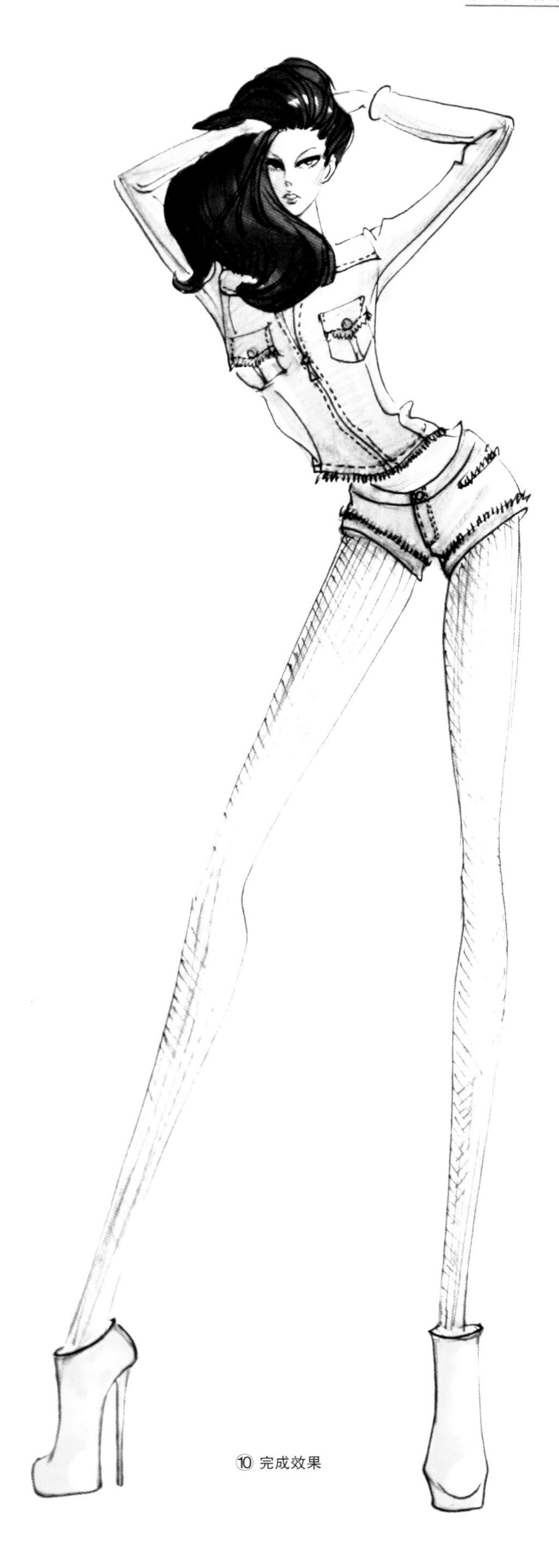

⑩ 完成效果

第十一节　蕾丝服装的画法

要画出蕾丝质感，最重要的是表现出网状效果，马克笔涂出明暗关系后，用较细的笔勾画蕾丝肌理感（范例4-11-1，4-11-2）。

范例4-11-1 蕾丝质感的画法分步图

① 准备好要上色的铅笔稿

② 皮肤亮部留白，用马克笔快速沿着脸部和胳膊画出皮肤色

③ 画出头发颜色

④ 平涂衣服的第一遍颜色，未完全干透时画出花纹

⑤ 用较随意的笔触画出帽子颜色

⑥ 用针管笔对蕾丝深入勾画

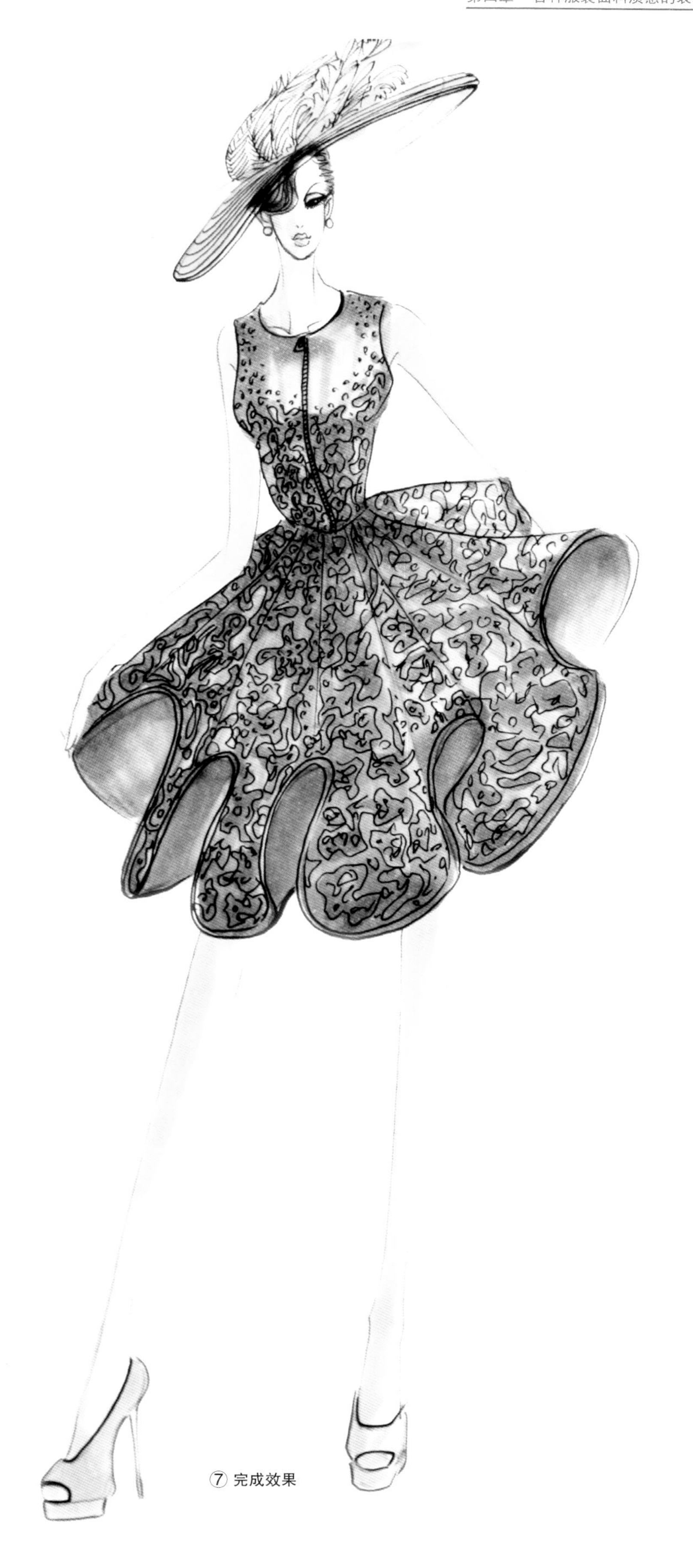

⑦ 完成效果

范例4-11-2 蕾丝质感的画法分步图

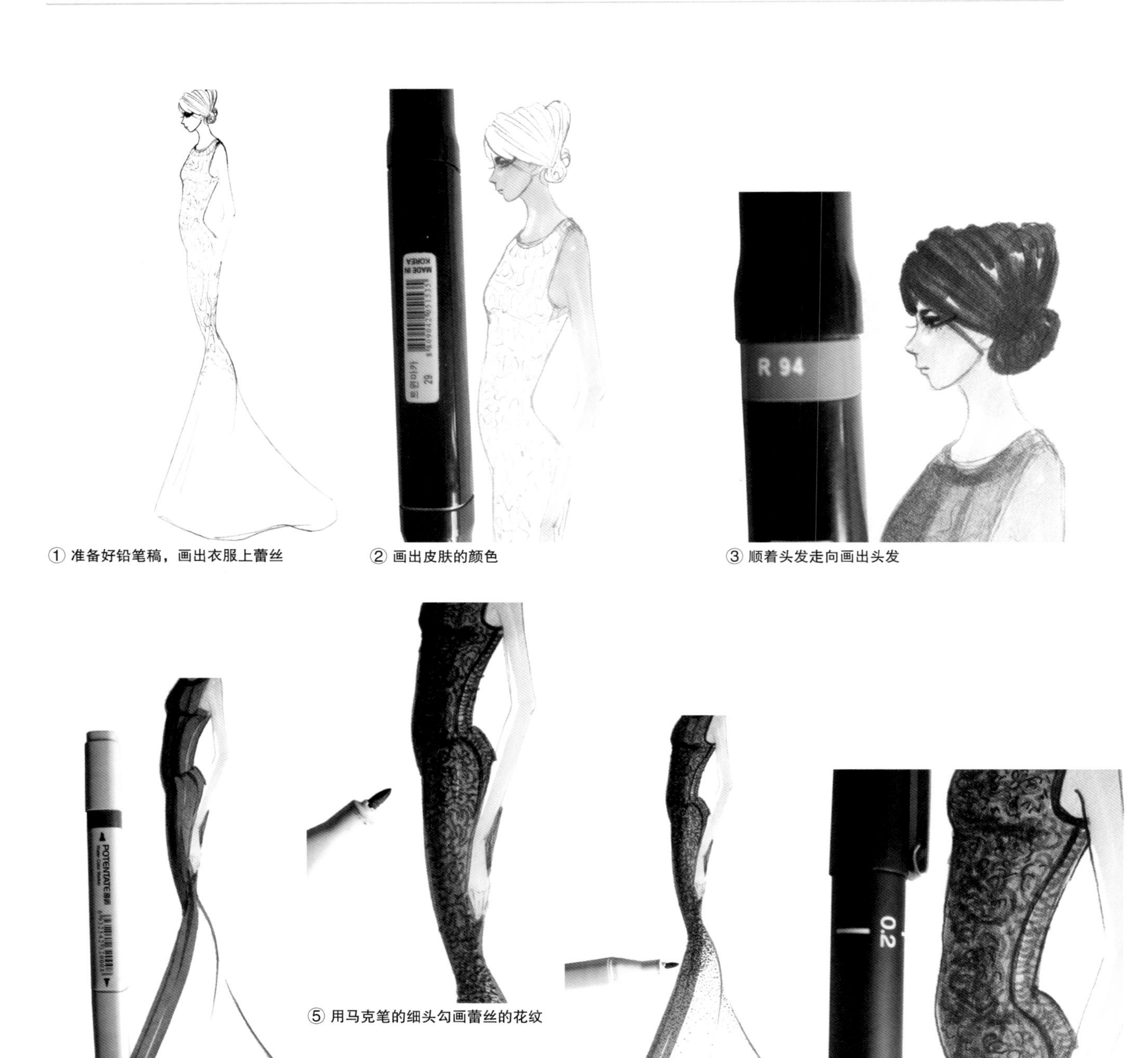

① 准备好铅笔稿，画出衣服上蕾丝

② 画出皮肤的颜色

③ 顺着头发走向画出头发

④ 用马克笔的粗头沿着人体边缘，垂直行笔，给裙子上色，暗部多画一遍

⑤ 用马克笔的细头勾画蕾丝的花纹

⑥ 底摆处点绘做出渐变效果

⑦ 用0.2的针管笔勾线

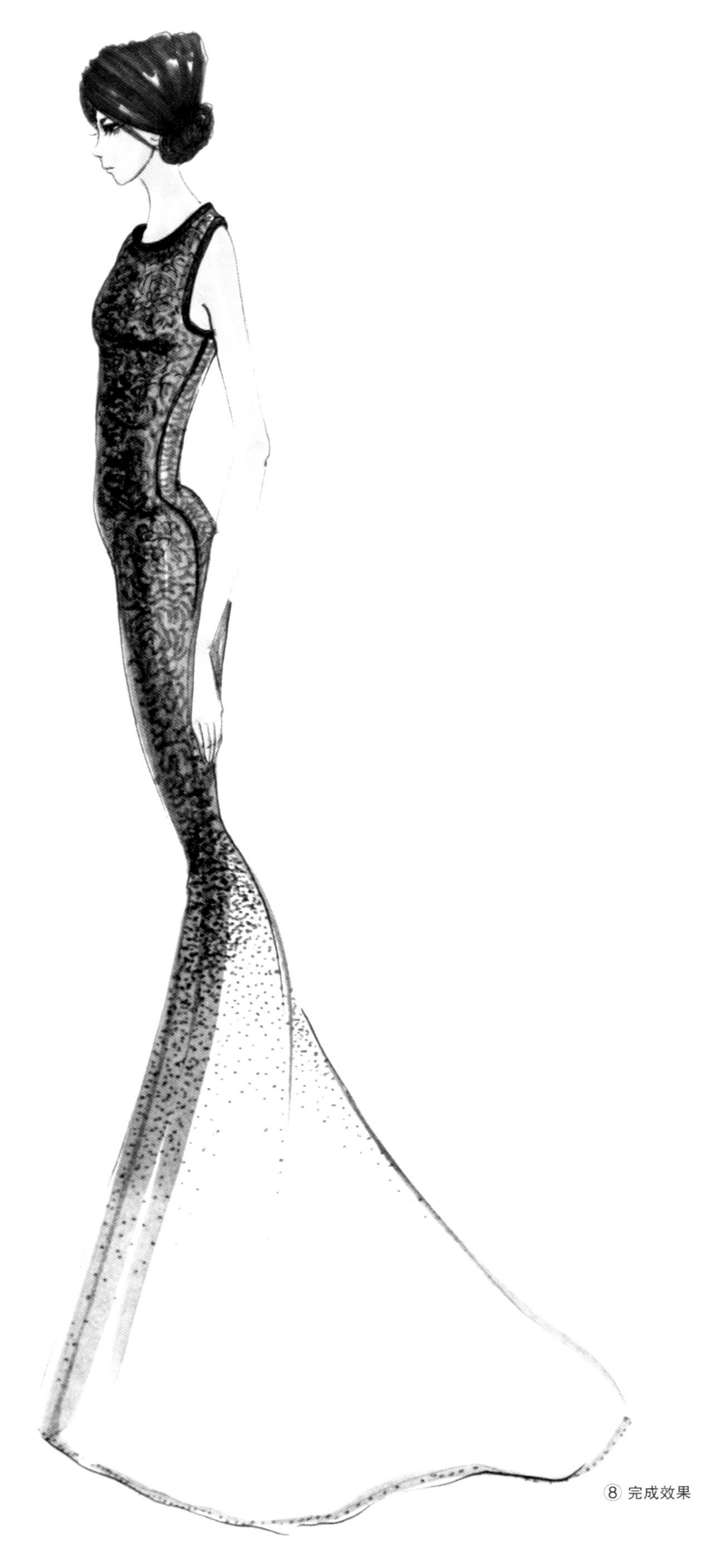

⑧ 完成效果

第五章　马克笔手绘效果图赏析

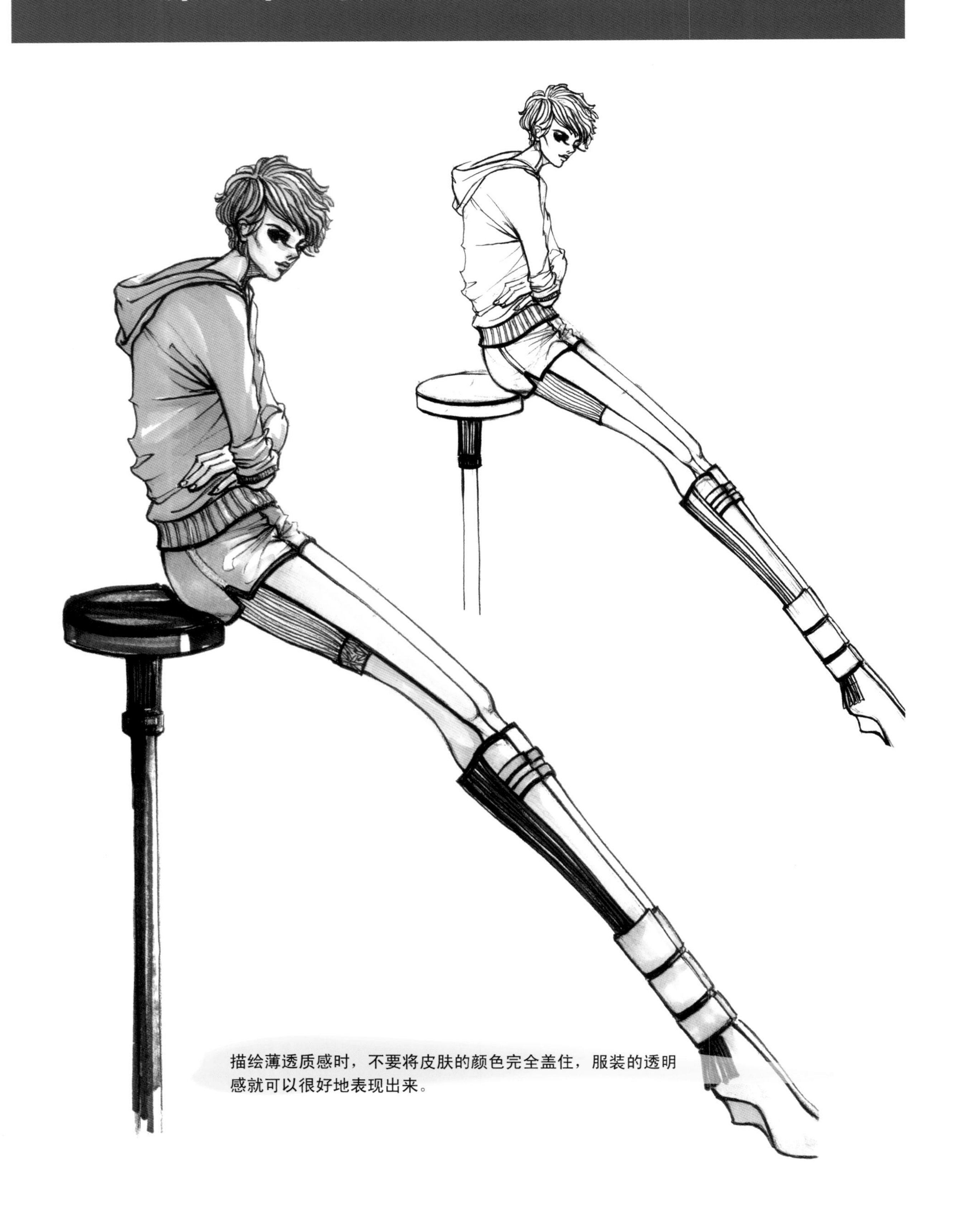

描绘薄透质感时，不要将皮肤的颜色完全盖住，服装的透明感就可以很好地表现出来。

马克笔色彩叠加时还可以使一种色彩融入其他色调，产生第三种颜色，叠加次数不宜过多，避免纸面起毛和颜色污浊。

画面色彩应该注重整体性的表现，不协调的色彩混用会导致画面混乱，让人看不清服装的色彩倾向。

彩色铅笔与马克笔混用，绘画效果往往更加绚丽，产生的画面效果透明、清晰，色彩淡雅、色调明快。

如果马克笔绘图超出了边界，可以用颜色相近的彩色铅笔进行修正。

针管笔画线条尽量一气呵成，不做过多修改，以保持线条的连贯性。

在马克笔绘制的背景上用蜡笔可以产生很好的效果，上下两种颜色可以很好的混合，当然，所用的蜡笔越多，混合色越接近蜡笔色。

由于彩铅的着色度较差，所以不能一次性将某种颜色涂到理想的程度，要想得到需要的颜色必须经过多次覆盖。在覆盖中，除了要注意整体效果外，应注意手的力度，如果力度过大会破坏纸面肌理。

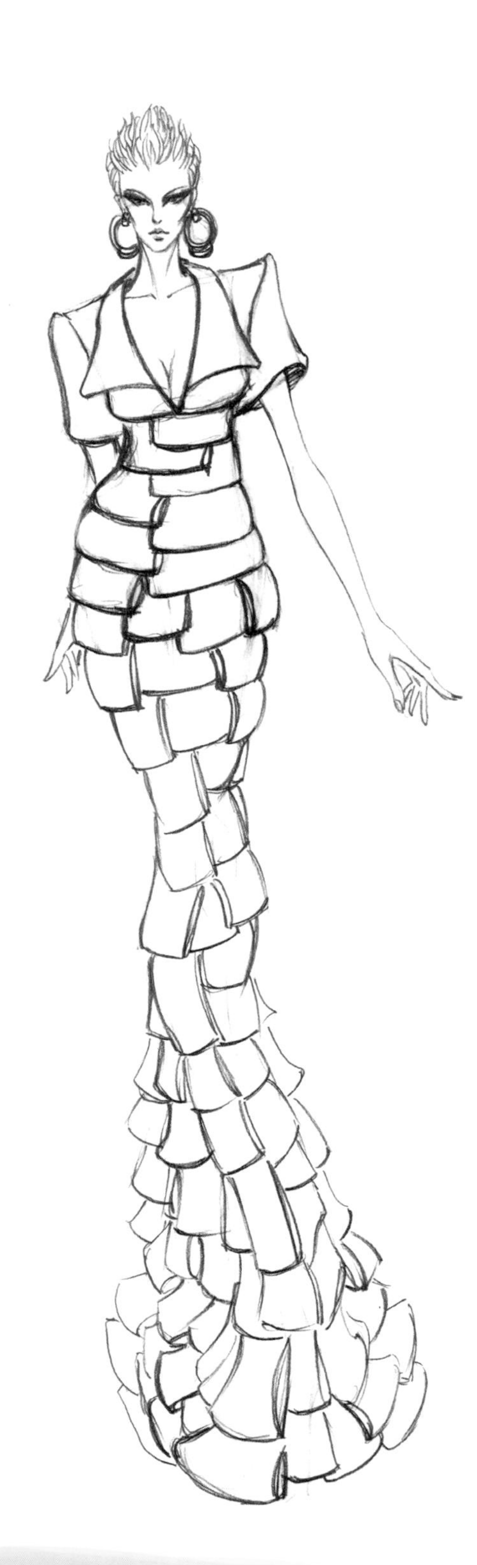

马克笔与水彩结合时，可以用水彩做大面积铺底，马克笔刻画比较精彩的地方。

可以用半干的马克笔处理粗糙的质感。

在进行服装设计的快速表现时，对头部的表现可以适当地简化，或者符号化，可以节约时间直接进入设计环节。

手绘马克笔效果图表现技法可以借鉴其他专业绘画的表现技巧，采它山之石，为己之用。在技法训练中，最大限度发挥设计师的绘画技法个性，摆脱程式化画法的束缚，创作出有个性、有特色、有创意的手绘效果表现图。

湿画可使明确的笔触变虚变柔，产生一定的水彩画效果，使色彩的衔接柔和，增强了马克笔表现的美感形式。

马克笔在画颜色时应先画最浅的颜色，然后再依次画较深的颜色，用暗色覆盖亮色。

马克笔没有的颜色可以用彩色铅笔补充，
也可用彩铅来缓和笔触的跳跃。

在人物造型的暗部用较粗的轮廓线，亮部用纤细的轮廓线，在没有使用调子的情况下，人物也会产生一种立体感。

构图是一幅效果图成功的基础，构图阶段需要注意透视和比例以及人物关系。

线的粗细、疏密、浓淡可以把空间层次、质感等表现得更有趣味性且更加生动。

表现服装质感时，行笔既要服从服装质感表现，还要有装饰性并富有变化，避免重复和单调。

马克笔在表现层次较多的衣物时，要顺着体面的转折方向用笔。

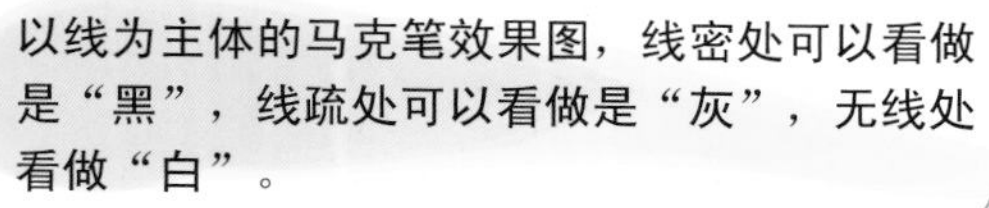

以线为主体的马克笔效果图，线密处可以看做是“黑”，线疏处可以看做是“灰”，无线处看做“白”。

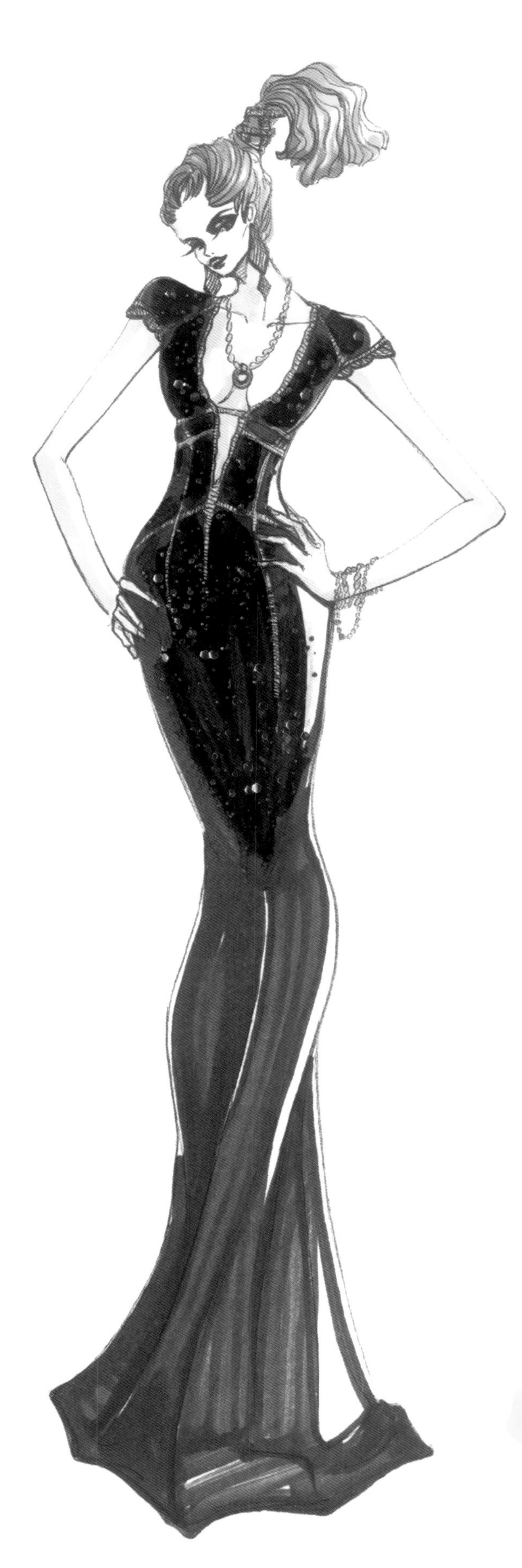

在明暗交界线处和体面转折处要最重点表现，最少涂两遍色。

马克笔上色要快，不要长时间在一个地方停顿，以免渗开。

过长的线可断开，分段再画，线条搭接处易出现点状晕染。

服装上的衣纹和衣褶有本质的区别，衣纹是由于服装面料质感和人体运动状态自然产生的；衣褶是服装设计的表达方式和结构特征，是人为创作的结果。

处理暗部时，不用把所有暗部都画重，仅一两笔压住即可。

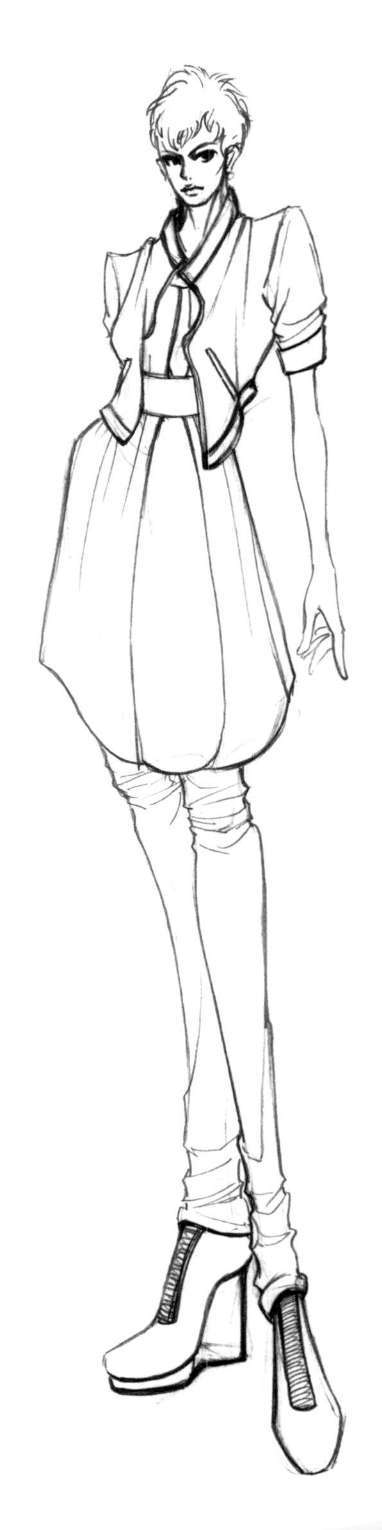

起稿线可分两种，一种做为起稿，便于上色；另一种是把线做为效果图最终的轮廓线保留下来。

马克笔的颜色为透明色，一般不会覆盖针管笔勾勒的墨线。

针管笔是马克笔的重要辅助工具，选择针管笔时可以先画一段墨线，然后用马克笔覆盖，针管笔的墨线以不扩散为宜。